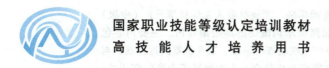

国家职业技能等级认定培训教材

高 技 能 人 才 培 养 用 书

工业机器人系统运维员

（中级）

国家职业技能等级认定培训教材编审委员会　组编

主　编　宋永昌　张　宏　刘振兴
副主编　王　建　寇　爽　张莉娟　崔淑华
参　编　刘松涛　崔东晓　戚成浩　皇甫志远
　　　　陈一鸣　李欣泽

机 械 工 业 出 版 社

本书是依据《国家职业技能标准　工业机器人系统运维员》（中级）的知识要求和技能要求，按照岗位培训需要的原则编写的。主要内容包括：机械系统检查与诊断、电气系统检查与诊断、工业机器人运行维护与保养。本书将理论知识与典型案例有机结合，大大增强了内容的实用性；技能训练选取了中级工必备技能，大大增强了学习的针对性。

本书主要用作企业培训部门、职业技能等级认定机构、再就业和农民工培训机构的教材，也可作为高级技工学校、技师学院和各种短训班的教学用书。

图书在版编目（CIP）数据

工业机器人系统运维员：中级/宋永昌，张宏，刘振兴主编. —北京：机械工业出版社，2024.6

高技能人才培养用书　国家职业技能等级认定培训教材

ISBN 978-7-111-75844-0

Ⅰ.①工… Ⅱ.①宋… ②张… ③刘… Ⅲ.①工业机器人-职业技能-鉴定-教材　Ⅳ.①TP242.2

中国国家版本馆 CIP 数据核字（2024）第 100012 号

机械工业出版社（北京市百万庄大街 22 号　邮政编码 100037）
策划编辑：王振国　　　　　　　　责任编辑：王振国　赵晓峰
责任校对：曹若菲　丁梦卓　　　　封面设计：马若濛
责任印制：常天培
固安县铭成印刷有限公司印刷
2024 年 7 月第 1 版第 1 次印刷
184mm×260mm・10.25 印张・236 千字
标准书号：ISBN 978-7-111-75844-0
定价：49.80 元

电话服务　　　　　　　　　　　网络服务
客服电话：010-88361066　　　机　工　官　网：www.cmpbook.com
　　　　　010-88379833　　　机　工　官　博：weibo.com/cmp1952
　　　　　010-68326294　　　金　书　网：www.golden-book.com
封底无防伪标均为盗版　　　　　机工教育服务网：www.cmpedu.com

国家职业技能等级认定培训教材

 编审委员会

主　任　李　奇　荣庆华

副主任　姚春生　林　松　苗长建　尹子文
　　　　周培植　贾恒旦　孟祥忍　王　森
　　　　汪　俊　费维东　邵泽东　王琪冰
　　　　李双琦　林　飞　林战国

委　员　（按姓氏笔画排序）
　　　　于传功　王　新　王兆晶　王宏鑫
　　　　王荣兰　卜良勇　邓海平　卢志林
　　　　朱在勤　刘　涛　纪　玮　李祥睿
　　　　李援瑛　吴　雷　宋传平　张婷婷
　　　　陈玉芝　陈志炎　陈洪华　季　飞
　　　　周　润　周爱东　胡家富　施红星
　　　　祖国海　费伯平　徐　彬　徐丕兵
　　　　唐建华　阎　伟　董　魁　臧联防
　　　　薛党辰　鞠　刚

序

Preface

新中国成立以来，技术工人队伍建设一直得到了党和政府的高度重视。20世纪五六十年代，我们借鉴苏联经验建立了技能人才的"八级工"制，培养了一大批身怀绝技的"大师"与"大工匠"。"八级工"不仅待遇高，而且深受社会尊重，成为那个时代的骄傲，吸引与带动了一批批青年技能人才锲而不舍地钻研技术、攀登高峰。

进入新时期，高技能人才发展上升为兴企强国的国家战略。从2003年全国第一次人才工作会议，明确提出高技能人才是国家人才队伍的重要组成部分，到2010年颁布实施《国家中长期人才发展规划纲要（2010—2020年）》，加快高技能人才队伍建设与发展成为举国的意志与战略之一。

习近平总书记强调，劳动者素质对一个国家、一个民族发展至关重要。技术工人队伍是支撑中国制造、中国创造的重要基础，对推动经济高质量发展具有重要作用。党的十八大以来，党中央、国务院健全技能人才培养、使用、评价、激励制度，大力发展技工教育，大规模开展职业技能培训，加快培养大批高素质劳动者和技术技能人才，使更多社会需要的技能人才、大国工匠不断涌现，推动形成了广大劳动者学习技能、报效国家的浓厚氛围。

2019年国务院办公厅印发了《职业技能提升行动方案（2019—2021年）》，目标任务是2019年至2021年，持续开展职业技能提升行动，提高培训针对性和实效性，全面提升劳动者职业技能水平和就业创业能力。三年共开展各类补贴性职业技能培训5000万人次以上，其中2019年培训1500万人次以上；经过努力，到2021年底技能劳动者占就业人员总量的比例达到25%以上，高技能人才占技能劳动者的比例达到30%以上。

目前，我国技术工人（技能劳动者）已超过2亿人，其中高技能人才超过5000万人，在全面建成小康社会、新兴战略产业不断发展的今天，建设高技能人才队伍的任务十分重要。

序
Preface

机械工业出版社一直致力于技能人才培训用书的出版,先后出版了一系列具有行业影响力,深受企业、读者欢迎的教材。欣闻配合新的《国家职业技能标准》又编写了"国家职业技能等级认定培训教材"。这套教材由全国各地技能培训和考评专家编写,具有权威性和代表性;将理论与技能有机结合,并紧紧围绕《国家职业技能标准》的知识要求和技能要求编写,实用性、针对性强,既有必备的理论知识和技能知识,又有考核鉴定的理论和技能题库及答案;而且这套教材根据需要为部分教材配备了二维码,扫描书中的二维码便可观看相应资源;这套教材还配合天工讲堂开设了在线课程、在线题库,配套齐全,编排科学,便于培训和检测。

这套教材的出版非常及时,为培养技能型人才做了一件大好事,我相信这套教材一定会为我国培养更多更好的高素质技术技能型人才做出贡献!

中华全国总工会副主席

高凤林

前 言

Foreword

《国务院关于大力推进职业教育改革与发展的决定》中明确指出:"要严格实施就业准入制度,加强职业教育与劳动就业的联系"。职业技能等级证书已逐步成为就业的通行证,是通向就业之门的金钥匙。职业技能等级证书的取证人员日益增多,为了更好地服务于就业,推动职业技能等级认定制度的实施和推广,加快技能人才的培养,我们组织有关专家、学者和高级技师编写了《工业机器人系统运维员(中级)》培训教材,为广大取证人员提供了有价值的参考资料。

在本书的编写过程中,我们始终坚持以下几个原则:

1. 严格遵照《国家职业技能标准》中关于各专业和各等级的标准,坚持标准化,力求使内容覆盖职业技能等级认定的各项要求。

2. 坚持以培养技能人才为方向,从职业(岗位)分析入手,紧紧围绕国家职业技能等级认定题库,既系统又全面,注重理论联系实际,力求满足各个级别取证人员的需求,突出教材的实用性。

3. 内容新异,突出时代感,力求较多地采用新知识、新技术、新工艺、新方法等,树立以取证人员为主体的编写理念,使本书的内容有所创新,使教材简明易懂,为广大读者所乐用。

我们真诚希望本书能够成为取证人员的良师益友,为广大取证人员服好务,真正实现"一书在手,证书可求"。

由于本书涉及内容较多,新技术、新装备发展非常迅速,加之编者水平有限,书中难免有不妥之处,恳请广大读者提出宝贵的意见和建议,以便修订时加以完善。

编 者

目 录

Contents

序
前言

项目1　机械系统检查与诊断

1.1　本体的检查与诊断 ·· 2
　　1.1.1　工业机器人外观及其紧固状态 ··· 2
　　1.1.2　本体各轴噪声和振动等运行情况 ·· 8
　　1.1.3　零点位置检查 ·· 11
　　1.1.4　轴限位挡块及其运行环境 ··· 12
1.2　末端执行系统的检查与诊断 ·· 14
　　1.2.1　末端执行器装配图识读 ··· 14
　　1.2.2　末端执行器的安装与紧固 ··· 19
　　1.2.3　末端执行器的磨损和失效检查 ··· 27
　　1.2.4　末端执行器气动和液压的连接密封 ·· 29
1.3　周边设备机械系统的检查与诊断 ··· 33
　　1.3.1　周边设备的布局图识读 ··· 33
　　1.3.2　周边设备的布局检查 ·· 35
　　1.3.3　周边设备的安装与配合 ··· 37
　　1.3.4　周边设备的安全防范 ·· 38
1.4　机械系统检查与诊断技能训练实例 ·· 40
　　技能训练1　各轴零点位置的校准 ·· 40
　　技能训练2　末端执行器的安装 ·· 42
复习思考题 ·· 46

项目2　电气系统检查与诊断

2.1　电气系统连接与检查 ·· 48

目 录

  2.1.1 工业机器人本体的连接 ……………………………………………… 48
  2.1.2 工业机器人电气系统的连接 …………………………………………… 48
  2.1.3 控制系统和机器人之间的连接 ………………………………………… 55
  2.1.4 连接电缆 ………………………………………………………………… 60
  2.1.5 工业机器人外围设备的连接 …………………………………………… 64
  2.1.6 工业机器人控制系统备份 ……………………………………………… 66
  2.1.7 工业机器人控制柜的安全防护 ………………………………………… 69
 2.2 末端执行器电气系统检查与诊断 ……………………………………………… 72
  2.2.1 末端执行器电气回路的检测 …………………………………………… 72
  2.2.2 末端执行器上传感器的检测 …………………………………………… 75
  2.2.3 末端执行器的报警日志 ………………………………………………… 80
 2.3 周边设备电气系统检查与诊断 ………………………………………………… 83
  2.3.1 周边设备电气原理图的识读 …………………………………………… 83
  2.3.2 周边设备电气的连接与工艺 …………………………………………… 87
  2.3.3 周边设备电气信号检查 ………………………………………………… 94
  2.3.4 周边设备配电柜的安全防护 …………………………………………… 97
 2.4 电气系统检查与诊断技能训练实例 …………………………………………… 98
  技能训练1 控制系统电气连接与检查 ………………………………………… 98
  技能训练2 末端执行器电气系统检测 ……………………………………… 100
  技能训练3 周边设备的连接与检测 ………………………………………… 102
 复习思考题 …………………………………………………………………………… 104

项目3 工业机器人运行维护与保养

 3.1 工业机器人系统运行维护 …………………………………………………… 106
  3.1.1 工业机器人的启动、停止及紧急停止操作 ………………………… 106
  3.1.2 示教器的使用 ………………………………………………………… 110
  3.1.3 末端执行器及周边设备的操作 ……………………………………… 113

目录 Contents

  3.1.4 程序的调用 …………………………………………………………… 115
  3.1.5 离线程序的加载 ………………………………………………………… 116
  3.1.6 零点标定与检测方法 …………………………………………………… 118
  3.1.7 本体安装与调整 ………………………………………………………… 121
3.2 工业机器人系统保养 …………………………………………………………………… 126
  3.2.1 本体与控制柜的保养 …………………………………………………… 126
  3.2.2 末端执行器的保养 ……………………………………………………… 132
  3.2.3 周边设备的保养 ………………………………………………………… 133
3.3 工业机器人运行维护与保养技能训练实例 ………………………………………… 135
  技能训练1 工业机器人的系统运行基本操作 …………………………… 135
  技能训练2 工业机器人的系统保养 ……………………………………… 142
复习思考题 …………………………………………………………………………………… 144

模拟试卷样例

模拟试卷样例答案

参考文献

Chapter 1 项目 1 机械系统检查与诊断

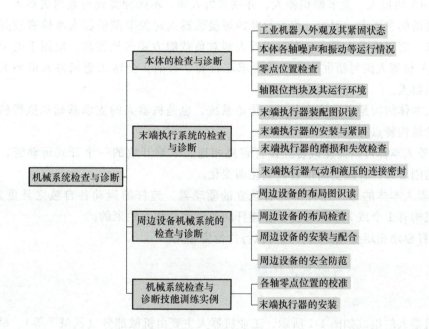

知识目标：

1. 掌握机器人本体外观检查的方法。
2. 掌握机器人本体各轴噪声和振动等检查方法。
3. 掌握机器人零点位置的检查方法。
4. 掌握机器人末端执行器的安装与紧固方法。
5. 掌握周边设备布局图的识读与安全实施规范。

技能目标：

1. 能对机器人本体外观实施检查。
2. 能对机器人本体各轴的噪声和振动进行检测。
3. 能对机器人零点位置进行检测。
4. 能对机器人末端执行器进行安装与紧固检查。
5. 能对周边设备布局图进行识读及安全措施的防护。

1.1 本体的检查与诊断

机器人本体就是指工业机器人的机械部分,又称为操作机,是工业机器人的操作机构,是指工业机器人的原样和自身。机器人本体的基本结构由五部分组成,即传动部件、机身及行走机构、臂部、腕部和手部。

机器人本体属于设备集成的范畴。按照机械结构划分,机器人本体可分为直角坐标机器人、SCARA 机器人、关节型机器人、并联机器人等。不同种类或行业的机器人,对技术指标有不同的侧重要求。例如,汽车行业的焊接机器人对关节型机器人本体有较高的精度和速度要求,而码垛类机器人、搬运机器人则对负载能力要求比较高,应用于电子行业较多的 SCARA 机器人则对精度和速度的要求比较高。目前,全球工业机器人市场主要为关节型工业机器人。

机器人本体结构是机体结构和机械传动系统,也是机器人的支承基础和执行机构。机器人本体的结构特点有:

1)机器人本体可以简化成各连接杆首尾相连、末端开放的一个开式运动链,机器人本体的结构刚度差,且随空间位置的变化而变化。

2)机器人本体的每个连杆都具有独立的驱动器,连杆的运动各自独立且更为灵活;一般连杆机构有 1 个或 2 个原动件,各连杆间的运动是相互约束的。

3)连杆驱动扭矩变化复杂,且与执行件位姿相关。

1.1.1 工业机器人外观及其紧固状态

一、工业机器人的组成

工业机器人的组成如图 1-1 所示,工业机器人主要由机械部分(机械手等)、机器人控制系统、手持编程器、连接电缆、软件及附件等组成。机器人一般采用六轴式关节运动系统设计,机器人的主要结构部件一般采用铸铁结构,如图 1-2 所示。

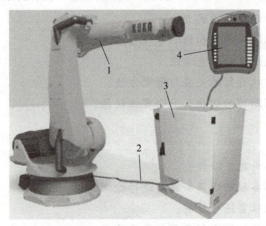

图 1-1 工业机器人的组成
1—机械手 2—连接电缆 3—控制柜 4—手持编程器

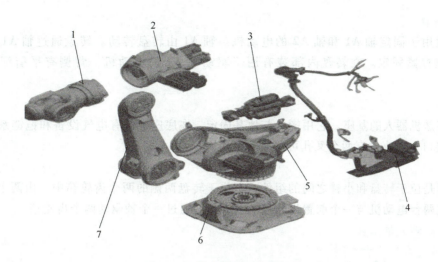

图 1-2 机器人的主要结构部件
1—腕部 2—小臂 3—平衡配重 4—电气设备 5—转盘 6—底座 7—大臂

1. 腕部

机器人配有一个三轴式腕部。腕部包括轴 A4、轴 A5 和轴 A6，由安装在小臂背部的三个电动机通过连接轴驱动。腕部有一个连接法兰，用于加装工具。腕部的齿轮箱由三个隔开的油室供油。

2. 小臂

小臂是机器人腕部和大臂之间的连杆。它用于固定轴 A4、轴 A5 和轴 A6 的手轴电动机以及轴 A3 的电动机。小臂由轴 A3 的两个电动机驱动，这两台电动机通过一个前置级驱动小臂和大臂之间的齿轮箱。允许的最大摆角采用机械方式分别由一个正向和负向的挡块加以限制。所属的缓冲器安装在小臂上。若要运行铸造型机器人，则应使用相应型号的小臂。该小臂由压力调节器加载管路供应压缩空气。

3. 平衡配重

平衡配重属于一套安装在转盘与大臂之间的组件，在机器人停止和运动时尽量减小加在轴 A2 周围的转矩，因此采用封闭的液压气动系统来实现此目的。该系统包括两个隔膜蓄能器、一个配有所属管路、一个压力表和一个安全阀的液压缸。

大臂处于垂直位置时，平衡配重不起作用。当大臂沿正向或负向变化的摆角增大时，液压油被压入两个隔膜蓄能器，从而产生用于平衡力矩的反作用力。隔膜蓄能器中装有氮气。

4. 电气设备

电气设备包含了用于轴 A1~轴 A6 电动机的所有电动机电缆和控制电缆。所有接口均采用插头结构，可以用来快速、安全地更换电动机。电气设备还包括 RDC 接线盒和三个 MFG 接线盒。配有电动机电缆插头的 RDC 接线盒和 MFG 接线盒安装在机器人底座上。这里通过插头连接来自机器人控制系统的连接电缆。电气设备也包含接地保护系统。

5. 转盘

转盘用于固定轴 A1 和轴 A2 的电动机。轴 A1 由转盘转动。转盘通过轴 A1 的齿轮箱与底座拧紧固定。在转盘内部装有用于驱动轴 A1 的电动机，背侧有平衡配重的轴承座。

6. 底座

底座是机器人的基座。它用螺栓与地基固定。在底座中装有电气设备和拖链系统（附件）的接口。底座中有两个叉孔可用于叉车运输。

7. 大臂

大臂是位于转盘和小臂之间的组件。它位于转盘两侧的两个齿轮箱中，由两个电动机驱动。这两台电动机与一个前置齿轮箱啮合，然后通过一个轴驱动两个齿轮箱。

二、机器人的检查

1. 环境温度的检查

KUKA 机器人控制柜的使用环境温度为 5~45℃，机器人本体工作环境温度为 10~55℃，部分新机器的工作温度为 0~55℃（具体见机器人技术手册或者从 KUKA 官网查询）。若因环境温度过低而导致机器人开机异常时，需要提高环境温度或预热后再投入使用。

2. 现场环境的确认

检查现场有无杂物，有无影响机器人正常生产的障碍物或遮挡物，安全栅栏及安全通道有无损坏，以及工件是否正常就位等，如图 1-3 所示。

3. 电气检查

（1）线路检查　确认机器人控制柜的电源线正常，控制柜与机器人之间的动力电缆正常，接地正常，其他电缆连接正常，如图 1-4 所示。

图 1-3　确认现场环境

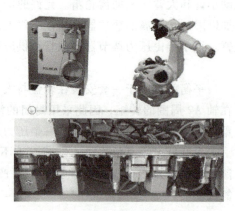

图 1-4　电气检查

（2）设备检查　确认机器人控制柜电器元件是否正常，并检查是否有外观损坏或烧毁的现象，还需注意周边电器元件检查，如 PLC、操作开关、传感器等，如图 1-5 所示。

4. 机械检查

（1）检查机器人外观　确认线缆接头、固定卡等有无松动，如图 1-6 所示。

图 1-5 设备检查

（2）检查平衡缸　对于带平衡缸（CBS）的机器人，首先要检查平衡缸是否有漏油的痕迹；待机器人开机后，将轴 A2 运行到 -90° 位置，然后检查平衡缸压力是否在正常范围内，如图 1-7 所示。

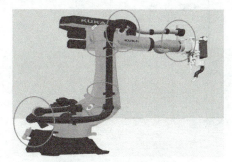

图 1-6　机器人外观检查

图 1-7　平衡缸检查

注意：平衡缸的标准压力值应查阅相关机器人技术文件。不同型号的机器人平衡缸压力有所不同，但查看压力时轴 A2 必须处在 -90° 位置。

（3）检查机器人零点校正　在检查之前，首先将所有轴运行至零点预校正位置，如图 1-8 所示，涂白色油漆的参考位置对齐；然后再用电子控制仪（EMD）检查零点，这里

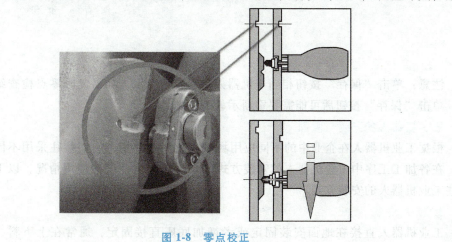

图 1-8　零点校正

介绍两种机器人校正零点的方法：

1）标准校正方法。使用标准校正方法时，需要注意机器人当前负载是否与之前校正零点时一致，如图1-9所示。

图1-9　标准校正方法

2）带负载校正方法。使用带负载校正方法时，需要进入"带偏量"菜单检查零点，如图1-10所示。

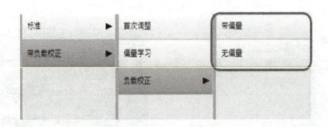

图1-10　带负载校正方法

零点检查结束将会出现如图1-11所示结果。

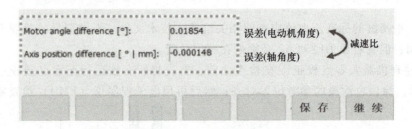

图1-11　零点的保存

注意：单击"保存"按钮相当于机器人重新校正零点。如果此时零点检查结果误差较大，单击"保存"按钮后可能需要重新示教程序轨迹。

三、机器人的安装与紧固

根据工业机器人在企业中的不同应用场景、工序及环境，它们往往采用不同的安装方式，在各加工工序中工业机器人的安装方式通常会影响生产线的使用情况，以下是常见的一些工业机器人的安装方式。

1. 立式安装

工业机器人直接在地面安装固定或者增加底座直接固定，通常在上下料、搬运、涂装、焊接等方面应用，如图 1-12 所示。

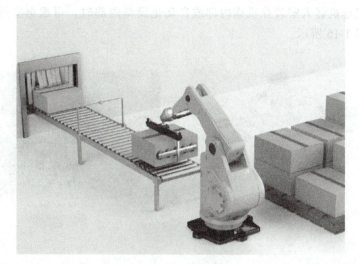

图 1-12　立式安装

2. 地面第 7 轴安装

这种方式是在立式安装的基础上，在地面通过导轨使工业机器人实现左右移动，一般在工件较大、较长的情况下使用。如喷涂较长的工件时，机床加工领域需要一台工业机器人进行多道工序作业，如图 1-13 所示。

3. 悬挂安装

这种方式用在工业机器人活动范围较大的基础或者现场使用空间不足的情况下，常见于喷漆、机械加工及分拣等领域，如图 1-14 所示。

图 1-13　地面第 7 轴安装

图 1-14　悬挂安装

4. 悬挂移动安装

工业机器人工作范围加大时，可增加导轨用于悬挂机器人，使它可以在导轨上左右移动，从而增加工作范围，如图 1-15 所示。

5. 定制安装

若需要将工业机器人安装在机床内部或自动化设备内部时，可根据实际生产需要进行专门定制，如图 1-16 所示。

图 1-15　悬挂移动安装

图 1-16　定制安装

1.1.2　本体各轴噪声和振动等运行情况

一、机器人的运动轴

机器人轴是指操作本体的轴，属于机器人本身，目前商用的工业机器人大多以 6 轴为主；基座轴是指使机器人移动的轴的总称，主要指行走轴（移动滑台或导轨）；工装轴是指除机器人轴、基座轴以外轴的总称，是使工件、工装夹具翻转和回转的轴，如回转台、翻转台等。实际生产中常用的是 6 轴关节工业机器人，操作机有 6 个可活动的关节（轴）。

图 1-17 所示为常见工业机器人本体运动轴的定义，不同的工业机器人本体运动轴的定义是不同的，KUKA 机器人的 6 个轴分别定义为 A1、A2、A3、A4、A5 和 A6，ABB 工业机器人则定义为轴 1、轴 2、轴 3、轴 4、轴 5 和轴 6。其中 A1 轴、A2 轴和 A3 轴（轴 1、轴 2 和轴 3）称为基本轴或主轴，用于保证末端执行器到达工作空间的任意位置；A4 轴、A5 轴和 A6 轴（轴 4、轴 5 和轴 6）称为腕部轴或次轴，用于实现末端执行器的任意空间姿态。

二、工业机器人本体构造

机器人的机械结构主要由电动机、减速器、连杆、轴承、转轴和导轨等典型机械零件组成，通过设计相应的运动学机构，并增加传感器和控制系统，组成具有不同运动功能的自动化装备。以这些机构零部件为基础，可以组成多种不同的机器人结构，可以是工业机器人和移动机器人等。

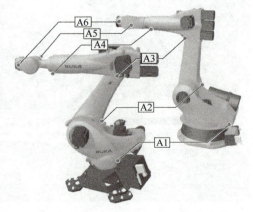

图 1-17　常见工业机器人本体运动轴的定义

1. 伺服电动机

交流伺服系统由伺服电动机（见图 1-18）和驱动器组成。交流伺服电动机的一端装有编码器（或旋转变压器），用于检测电动机转角，反馈给驱动器，实现闭环控制。电动机的定子铁心上有两个绕组，分别为励磁绕组和控制绕组，两者的轴线相互垂直，在空间上相隔 90°。转子结构与交流电动机类似，常用的转子有笼型和非磁性杯型。机器人上使用的伺服电动机通常带有制动器。

2. 减速器

谐波齿轮减速器是利用行星齿轮传动原理发展起来的一种新型减速器，是依靠柔性零件产生弹性机械波来传递动力和运动的一种行星齿轮传动。作为减速器使用，通常采用波发生器主动轮与刚性齿轮（简称刚轮）固定、柔性齿轮（简称柔轮）输出的形式。

图 1-18 伺服电动机

减速器主要由刚轮、柔轮和波发生器三个基本构件组成，如图 1-19 所示。

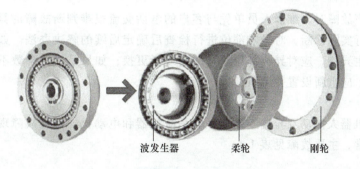

图 1-19 减速器

1）带有内齿圈的刚性齿轮，它相当于行星系中的太阳轮。
2）带有外齿圈的柔性齿轮，它相当于行星齿轮。
3）波发生器，它相当于行星架。

3. 线束

线束由六个电动机的动力线及编码线、预留给末端执行器的连接线、预留给末端执行器的气路等组成。

4. 机器人本体的机械结构件

机器人本体的机械结构件如图 1-20 所示。

5. 同步带及同步轮

同步带传动是一种在带的工作面及带轮的外周上均制有啮合齿，由带齿与轮齿的相互啮合实现传动的运动形式。依靠带内周的等距横向齿与带轮相应齿槽之间的啮合来传递动力和运动，两者无相对滑动，从而使圆周速度同步。它兼有带传动和齿轮传动的特点，如图 1-21 所示。

图 1-20 机器人本体的机械结构件

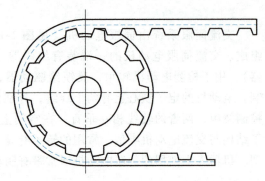

图 1-21 同步带

三、机器人振动噪声的产生原因

工业机器人在工作时会产生一些或大或小的噪声，例如电动机、减速器运转，接触器吸合，末端执行器工作的声音等。在面对这些不同的噪声时，一般可凭经验初步判断工业机器人是否发生故障，如果听到的噪声刺耳或者不规律，大多数情况下是发生了机械故障。

在面对噪声故障时，维修人员单凭与客户的电话交流很难判断故障的具体情况，一般需要去现场进行实际诊断，对异响部位进行检查后确定后续的解决办法。如果是磨损等导致机械结构产生异响，应对异响部位进行清洁或者更换；如果是系统参数不合适导致机械结构产生异响，应重新设置并调节参数。

1. 常见振动噪声的故障说明

引起工业机器人振动及异响的部件一般是减速器和电动机，根据故障现象可快速检查各部件是否正常，主要故障见表 1-1。

表 1-1 主要故障

故障说明	减速器	电动机
过载	√	√
发生异响	√	√
运动时振动	√	√
停止时晃动		√
异常发热	√	√
错误动作、失控		√

当减速器损坏时会产生振动噪声，从而妨碍工业机器人的正常运转，导致其过载和偏差异常，出现异常发热现象。另外，还会出现完全无法动作及位置偏差，此时需要更换减速器。当电动机异常时，工业机器人在停机时会出现晃动、在运行时出现振动等异常现象。另外，还会出现异常发热和异常声音等情况，此时需要根据实际产生振动的关节排查是电动机故障还是减速器故障，再进行相应的更换。

2. 振动噪声故障诊断与处理

振动噪声故障诊断与处理操作步骤见表 1-2。

表 1-2　振动噪声故障诊断与处理操作步骤

序号	操作步骤
1	手动操作工业机器人,使工业机器人每个轴单独动作,确认是哪个轴产生的振动
2	确认油量计的油面,确保润滑油容量能满足润滑要求,若油面处于一半以下,应补充润滑油
3	初步确认是哪个轴发生了故障,进一步检查轴承、减速器、齿轮箱
4	定位产生异响部件,然后进行更换
5	更换完成后,恢复工业机器人的功能
6	测试工业机器人的功能,完成故障排除

1.1.3　零点位置检查

机器人在出厂前,已经做好了机械零点校准,当机器人因故障丢失零点位置时,需要对机器人重新进行机械零点的校准,零点校准原理如图 1-22 所示。

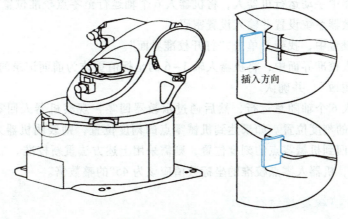

图 1-22　零点校准原理

随着机器人的轴转动,两个部件 U 形槽互相大概对正时,低速微调机器人转动角度,当零点校准块能同时插入两个 U 形槽时,表示该位置即为机器人零点位置。

注意:零点校准块必须是轻松插入,不得用力压入,否则会损坏机器人零点定位槽。在零点校准块插入的情况下不可运行机器人,否则会损坏机器人。

机器人各轴零点校准位置如图 1-23~图 1-26 所示。

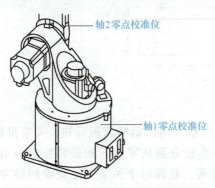

图 1-23　轴 1、轴 2 零点校准位置

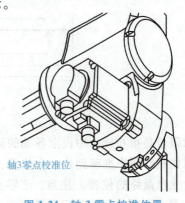

图 1-24　轴 3 零点校准位置

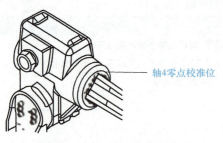

图 1-25　轴 4 零点校准位置

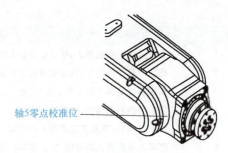

图 1-26　轴 5 零点校准位置

工业机器人机械零点校准操作步骤如下：

1）打开示教器，在示教器界面将机器人所有轴回零。
2）在示教器界面观看机器人轴 1~6 回零后的坐标。
3）在示教器中手动运行机器人，将机器人 6 个轴运行至零点校准位置。
4）打开示教器系统设置并输入设置密码。
5）在系统设置中，找到并单击"打开校准界面"。
6）在机器人校准界面中，将机器人轴 1~6 的坐标值更改为前面记录的坐标值。
7）单击"更改"，并确认。
8）将机器人 6 个轴随意运行，然后通过示教器回零，观察机器人回零后的位置是否达到了机械零点的刻度位置。如果达到机械零点的刻度位置，则表明机器人的机械校准已完成；如果没有回到机械零点的刻度位置，则需采用上述方法重新校准。

一般情况下，机器人零点校准的坐标数值应该为 45° 的整数倍。

1.1.4　轴限位挡块及其运行环境

机器人的工作空间是指机器人手臂能够到达的最大工作范围。实际应用中，机器人的工作范围不仅包含在机器人最大工作范围之内，而且必须有条件地将机器人限制在尽可能小的范围内工作。

机器人的位置限制一般有三种：软限位、硬限位（限位开关）和机械限位，如图 1-27 所示。

图 1-27　机器人的位置限制

1. 软限位

软限位是指在软件中设定各轴的运动范围。由机器人的运动学原理可知，关节机器人之所以能在空间中准确到达一个位置，依靠的是各个轴分别从零点开始旋转特定的角度，从而合成出最终的位置。注意，"零点"这个关键词，意即每个关节开始运动的参考点，即 0°。既然机器人可以自己计算每个轴从零点开始转了多少角度，那么自然就可以有一个新的参数：软限位（相对于硬限位）。如果设定正方向 P 度、负方向 N 度是轴的活动范围，那么当机器人运动过程中一旦检测到超出这个范围，控制器就让机器人停下来，然后弹出相应错误信息提示已超限位。软限位应该小于机械限位，当软限位失效后，硬限位就可以继续起作用。机器人运动到该限位后系统会发出警告，机器人断电后，警告可以取消。各轴运动的软限位如图 1-28 所示。

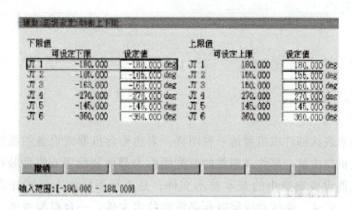

图 1-28　各轴运动的软限位

2. 硬限位（限位开关）

硬限位（限位开关）是电气硬件上对各轴的位置限制，通常类似于行程开关。机器人运动到该位置触发开关后报警断电，不能使用取消键取消，如果要取消需要在执行开关中将硬限位功能关闭。注意，并不是每个轴都有限位开关。硬限位（限位开关）如图 1-29 所示。

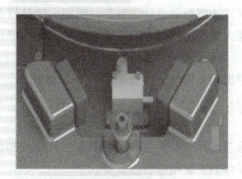

a) 硬限位1　　　　　　　　　　　　b) 硬限位2

图 1-29　硬限位（限位开关）

3. 机械限位

机械限位是机械上的位置限制，通常使用橡胶块等防止产生硬冲击。例如限制第一轴旋转角度的机械挡块，如果超出限定位置，必然会被阻挡。使用机械限位的好处是可以在物理空间准确定位，缺点是如果要达到很精确的定位，机构会变得非常复杂。机械限位无法自由调整设定，并不是每个轴都有机械限位。

在长期使用中，应重点检查机械限位有无松动或者磨损的情况，如发现有松动或者磨损要及时进行紧固或者更换。

1.2 末端执行系统的检查与诊断

1.2.1 末端执行器装配图识读

一、装配图的概念

1. 装配图

装配图是用来表达部件或机器的一种图样，表达整台机器或设备的装配图称为总装配图或总图，表达机器中某一部件或组件的装配图称为部件装配图或组件装配图。装配图与零件图一样是机器设备制造中的基本技术文件，是工程图样的主要图样之一，是进行设计、装配、检验、安装、调试和维修时所必需的技术文件。一台机器或者一个部件都是由若干个零（部）件按一定的装配关系装配而成的，如图1-30所示的工业机器人平行夹具装配图就展示了基板、手爪和感应块等各组成部分的连接、装配关系。

2. 装配图的作用

在设计过程中，设计者为了表达产品的性能、工作原理及其组成部分的连接、装配关系，一般要先画出装配图，然后再根据装配图画出零件图。

在生产过程中，生产者则是根据装配图制定装配工艺规程，进行装配和检验的。

在使用过程中，使用者又是通过装配图了解机器或部件的构造，以便正确使用和维修。

所以装配图是设计、制造、使用、维护以及技术交流的重要技术文件。因此，要求工业机器人系统运维员中级工能够正确识读零部件装配图。

二、装配图的内容

根据以上所述，结合图1-31所示装配图，可以看出，一张完整的装配图一般应具有以下内容：

1. 一组视图

应当选用一组恰当的视图来表达机器或部件的工作原理，各零件之间的装配、连接关系和零件的主要结构、形状等。

零件的表达方法中视图、剖视图和断面图等同样适用于装配图，一般主视图以表达部件的工作原理和主要装配关系为重点，且采用适当的剖视。根据确定的主视图，其他视图能反映尚未表达清楚的其他装配关系、外形及局部结构，并选取适当的剖视图表达各零件的内在联系。

在装配图中，为了便于区分不同零件，正确理解零件之间的装配关系，国家标准对装配图做了必要的要求，如图1-32所示。

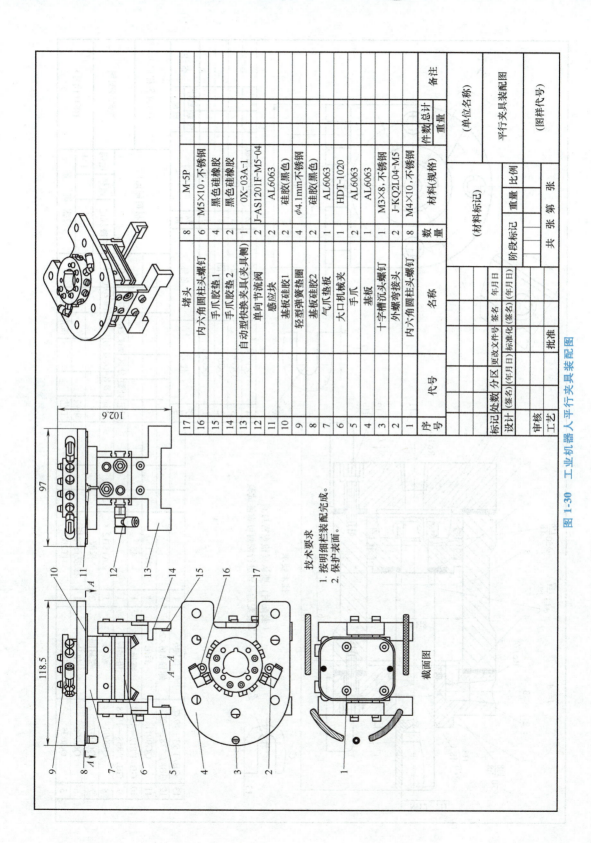

图 1-30 工业机器人平行夹具装配图

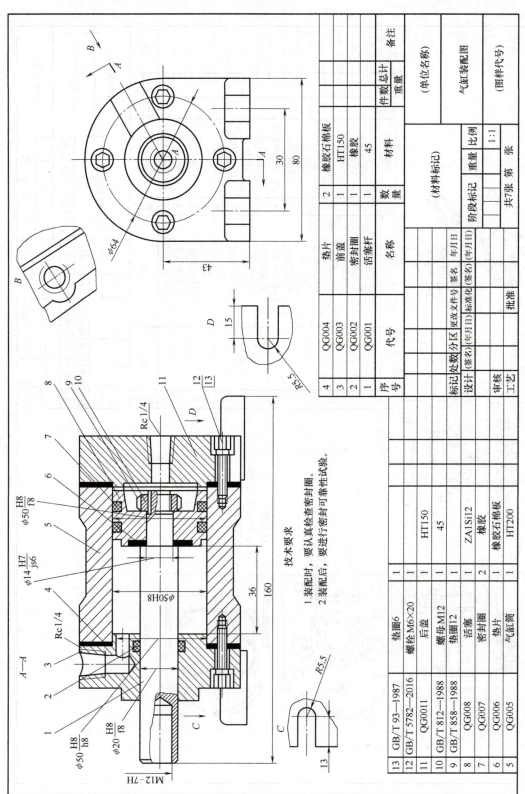

图 1-31 气缸装配图

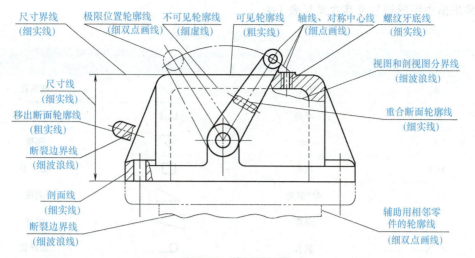

图 1-32 装配图识读

装配图中图线名称及应用见表 1-3。

表 1-3 装配图中图线名称及应用

图线名称	线型	图线宽度	一般应用
粗实线	———————	d	1)可见轮廓线 2)可见棱边线
细实线	———————	$d/2$	1)尺寸线及尺寸界线 2)剖面线 3)过渡线
细虚线	- - - - - - -	$d/2$	1)不可见轮廓线 2)不可见棱边线
细点画线	— · — · — · —	$d/2$	1)轴线 2)对称中心线 3)剖切线
波浪线	～～～～	$d/2$	1)断裂处边界线 2)视图与剖视图的分界线
双折线	—/\—/\—/\—	$d/2$	1)断裂处边界线 2)视图与剖视图的分界线
细双点画线	— ·· — ·· —	$d/2$	1)相邻辅助零件的轮廓线 2)可动零件的极限位置的轮廓线 3)成形前轮廓线 4)轨迹线
粗点画线	— · — · — · —	d	限定范围的表示线
粗虚线	- - - - - - -	d	允许表面处理的表示线

装配图中图形符号及其含义见表1-4。

表 1-4 装配图中图形符号及其含义

符号	含义	符号	含义
φ	直径	∨	埋头孔
R	半径	⊔	沉孔或锪平
S	球	↓	深度
EQS	均布	□	正方形
C	45°倒角	∠	斜度
t	厚度	▷	锥度
⌒	弧长	⌒	展开长

（1）接触面和配合面的画法　相邻零件的接触面和配合面只画一条粗实线，不接触面和非配合面应画两条粗实线，如图1-33所示。

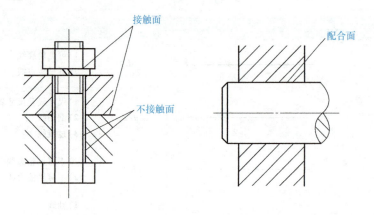

图 1-33　接触面和配合面的画法

（2）剖面线的画法　剖面线的画法规定：剖开的地方画与水平方向成45°的一组互相平行的细实线。同一物体的各个剖面区域，其剖面线画法应一致，相邻物体的剖面线必须以不同斜向或不同间隔画出。

2. 几类尺寸

装配图中的尺寸一般只标注机器或部件的性能（规格）尺寸、外形尺寸、装配尺寸、安装尺寸以及其他重要尺寸。图1-34所示为某齿轮泵的尺寸参数。性能（规格）尺寸是指表示装配体的工作性能或产品规格的尺寸，如图1-34中的圆锥内螺纹Rc3/8；装配尺寸是指用以保证机器（或部件）装配性能的尺寸，它包括装配体内零件间的相对位置尺寸和配合尺寸，如图1-34中的24H7/f6等是配合尺寸，两轴间的尺寸28mm和主轴中心到底面的距离65mm均是位置尺寸；安装尺寸是指表示部件安装在机器或机器安装在固定基础上需要的尺寸,如图 1-34 中孔中心距 70mm;外形尺寸是指表示装配体所占有空间大小的尺寸,即总长、总宽、总高,如图 1-34 中的 110mm、85mm、95mm;其他重要尺寸是指根据装配体的结构特点和需要标注的尺寸,如运动件的极限尺寸和零件间的主要定位尺寸等,如图 1-34 中的 50mm 和 65mm。

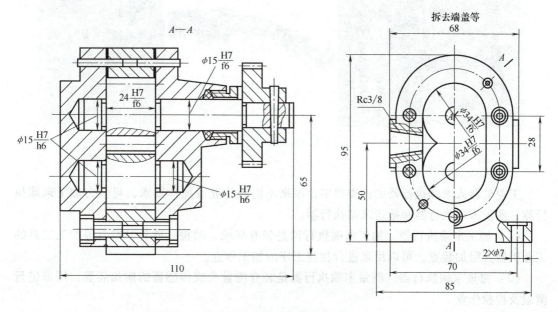

图 1-34 某齿轮泵的尺寸参数

3. 技术要求

用文字或符号说明机器或部件的性能、装配、调试和使用等方面的要求。

4. 零件的序号、明细栏及标题栏

序号是将装配图中各组成零件按一定的格式编号。明细栏用作填写零件的序号、代号、名称、数量、材料、重量和备注等。标题栏的内容、格式、尺寸已经标准化,且与零件图的标题栏完全一样,主要填写机器或部件的名称、代号、比例及有关人员的签名等。

1.2.2 末端执行器的安装与紧固

一、末端执行器的认识

工业机器人的末端执行器指的是任何一个连接在机器人边缘(关节)具有一定功能的工具,可以是机器人抓手、机器人工具快换装置、机器人碰撞传感器、机器人旋转连接器、机器人压力工具、顺从装置、机器人喷涂枪、机器人毛刺清理工具、机器人弧焊焊枪、机器人电焊焊枪等。

随着机器人技术的飞速发展及其在各个领域的广泛应用,作为机器人与环境相互作用的最后执行部件,末端执行器对机器人智能化水平和作业水平的提高具有十分重要的作用,因此对机器人末端执行器的工作能力的研究受到了极大的重视。常见的末端执行器如

图 1-35 所示。

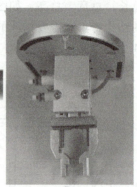

图 1-35　常见的末端执行器

二、末端执行器的分类

工业机器人末端执行器的种类很多，根据不同的作业及操作要求，可分为加工末端执行器、测量末端执行器和搬运末端执行器。

（1）加工末端执行器　加工末端执行器是带有焊枪、喷枪、砂轮、铣刀等加工工具的工业机器人附加装置，可以用来进行相应工序的加工作业。

（2）测量末端执行器　测量末端执行器是装有测量头或传感器的附加装置，用来进行测量及检验作业。

（3）搬运末端执行器　搬运末端执行器是指用来抓取或吸附被搬运物体的装置，常见的有吸附式和夹持式两种。大多数搬运末端执行器需要进行人工装配。

1）吸附式末端执行器是利用真空吸盘吸力或电磁力抓取工件的，如果遇到形状复杂难以夹持的工件，如各种复杂的曲面又没有其他合适的表面可用作夹紧，需要加工精度较高的薄壁零件等，经常采用吸附式末端执行器。真空吸盘式末端执行器是机械和气动技术一体化的装置，一般由动力源、传感器、机械结构、气动系统、执行元件等组成；电磁吸附式末端执行器则是利用电能产生磁场，吸附铁磁性工件的。

2）夹持式末端执行器是利用电动力或气动力带动机械结构来夹取工件的，通常分为夹钳式和夹板式等。

三、末端执行器快换装置

在当前的制造行业中，一台工业机器人通常要进行多种不同工序的作业，每种工序都有自己需要的末端执行器，而人工进行末端执行器的拆卸和安装无疑要浪费大量的时间，这在快节奏的制造业中是不允许的。为此，人们设计了末端执行器快换装置，以解决工业机器人根据不同工序更换不同末端执行器的需求，使工业机器人的应用更具柔性。

末端执行器快换装置包括一个机器人侧，安装在机器人手臂上；还包括一个工具侧，安装在末端执行器上，如图 1-36 所示。

快换装置能够让不同的介质，例如气体、电信号、液体、视频、超声等，从机器人手臂连通到末端执行器。机器人工具快换装置的优点如下：

a) 快换装置机器人侧　　　　b) 快换装置工具侧

图 1-36　末端执行器快换装置

1）生产线更换可以在数秒内完成。

2）维护和修理工具可以快速更换，大大缩减停工时间。

3）通过在应用中使用 1 个以上的末端执行器，从而使柔性增加。

4）使用自动交换单一功能的末端执行器，代替原有笨重复杂的多功能工装执行器。

机器人工具快换装置，使单个机器人能够在制造和装配过程中交换使用不同的末端执行器，从而增加柔性，被广泛应用于自动点焊、弧焊、材料抓举、冲压、检测、卷边、装配、材料去除、毛刺清理、包装等操作。另外，工具快换装置在一些重要的应用中能够为工具提供备份工具，可有效避免发生意外事件。相对于人工需要数小时更换工具，工具快换装置自动更换备用工具仅需数秒钟即可完成。

四、设计末端执行器的注意事项

1）机器人末端执行器是根据机器人作业要求来设计的。一个新的末端执行器的出现，就可以增加一种机器人新的应用场所。因此，根据作业的需要和人们的想象力而创造的新的机器人末端执行器，将不断地扩大机器人的应用领域。

2）由于机器人末端执行器的重量、被抓取物体的重量及操作力和机器人容许的负荷力等受到一定的限制，因此，要求机器人末端执行器体积小、重量轻、结构紧凑。

3）机器人末端执行器的万能性与专用性是矛盾的。万能末端执行器在结构上很复杂，甚至很难实现，例如，仿人的万能机器人要求手非常灵巧，至今尚未实用化。目前，能用于生产的还是那些结构简单、万能性不强的机器人末端执行器。从工业实际应用出发，应着重开发各种专用的、高效率的机器人末端执行器，加之以末端执行器的快速更换装置，以实现机器人多种作业功能，而不主张用一个万能的末端执行器去完成多种作业。因为这种万能的末端执行器的结构复杂且造价昂贵。

4）万能性和通用性是两个概念，万能性是指一机多能；而通用性是指有限的末端执行器可适用于不同的机器人，这就要求末端执行器要有标准的机械接口（如法兰盘），使末端执行器实现标准化和积木化。

5)机器人末端执行器要便于安装和维修,易于实现计算机控制。用计算机控制最方便的是电气式执行机构。因此,工业机器人执行机构的主流是电气式,其次是液压式和气压式(在驱动接口中需要增加电-液或电-气变换环节)。

五、末端执行器的安装步骤

1)在安装前,务必要看清图样或者与设计人员沟通,确定工业机器人末端执行器的型号。同时,为确保工业机器人的正常运行,节约调试工期,要确定好末端执行器相对于工业机器人法兰盘及快换装置工具侧和机器人侧的安装方向。

2)根据图样准备好安装工具、安装工艺卡及所需要的零部件。常见带快换装置的末端执行器包含以下部分:机器人侧法兰盘、快换装置机器人侧、快换装置工具侧、末端执行器侧法兰盘和末端执行器,如图1-37所示。

3)确定工业机器人法兰盘手腕的安装结构。图1-38所示为某工业机器人法兰盘手腕的安装结构,采用内六角螺钉进行紧固。

4)调整工业机器人末端法兰盘的方向。使用扭矩扳手将工业机器人侧的快换装置安装到法兰盘上进行固定,如图1-39所示。

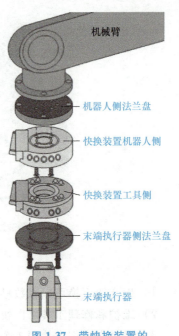

图1-37 带快换装置的末端执行器

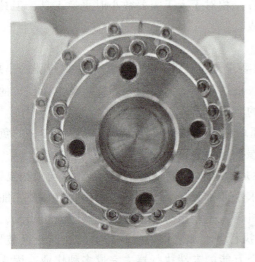

a)工业机器人第6轴安装孔位置

b)工业机器人侧法兰盘安装孔位置

图1-38 某工业机器人法兰盘手腕的安装结构

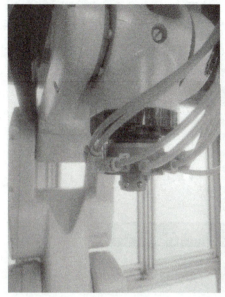

图 1-39　工业机器人侧末端执行器快换装置安装

5）选择需要的固定螺栓，将末端执行器固定在工具侧快换装置上，如图 1-40 所示。

6）使用扭矩扳手，检查螺栓的安装力矩，用记号笔做好防松标记，确认无误后安装末端执行器定位销。

7）安装完成后手动检查，检查各装配组件机构运行是否顺畅，不得有卡滞、异响现象。

六、安装过程中使用到的量具和工具

1. 常用量具

（1）钢直尺　钢直尺用于测量零件的长度尺寸，它的测量结果不太准确。这是由于钢直尺的刻线间距为 1mm，而刻线本身的宽度就有 0.1~0.2mm，所以测量时读数误差比较大，只能读出毫米数，即它的分度值为 1mm，比 1mm 小的数值，只能估计而得，如图 1-41 所示。

图 1-40　末端执行器与快换装置的连接

图 1-41　钢直尺

（2）塞尺　塞尺主要用来检验机床特别紧固面和紧固面、活塞与气缸、活塞环槽和活塞环、十字头滑板和导板、进排气阀顶端和摇臂、齿轮啮合间隙等两个结合面之间的间隙大小。塞尺由许多层厚薄不一的薄钢片组成。按照塞尺的组别制成一把一把的塞尺，每把塞尺中的每片具有两个平行的测量平面，且都有厚度标记，以供组合使用，如图 1-42 所示。

（3）游标卡尺　游标卡尺是工业上常用的测量长度的仪器，它由尺身及能在尺身上滑动的游标组成，如图 1-43 所示。若从背面看，游标是一个整体。游标与尺身之间有一弹簧片，利用弹簧片的弹力使游标与尺身靠紧。游标上部有一紧固螺钉，可将游标固定在尺身上的任意位置。尺身和游标都有量爪，利用内测量爪可以测量槽的宽度和管的内径，利用外测量爪可以测量零件的厚度和管的外径。深度尺与游标尺连在一起，可以测量槽和筒的深度。

图 1-42 塞尺

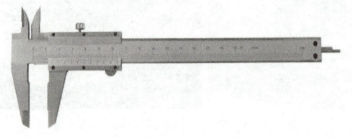

图 1-43 游标卡尺

（4）千分尺　千分尺是比游标卡尺更精密的测量长度的工具，用它测长度可以精确到 0.01mm，测量范围为几个厘米。它的一部分加工成螺距为 0.5mm 的螺纹，当它在固定套管的螺套中转动时，将前进或后退，活动套管和螺杆连成一体，其周边等分成 50 个分格。螺杆转动的整圈数由固定套管上间隔 0.5mm 的刻线测量，不足一圈的部分由活动套管周边的刻线测量，最终测量结果需要估读一位小数，如图 1-44 所示。

（5）百分表　百分表是利用精密齿条齿轮机构制成的表式通用长度测量工具。通常由测头、量杆、防振弹簧、齿条、齿轮、游丝、圆表盘及指针等组成。百分表的工作原理是将被测尺寸引起的测杆微小直线移动，经过齿轮传动放大变为指针在刻度盘上的转动，从而读出被测尺寸的大小。百分表是利用齿条齿轮或杠杆齿轮传动，将测杆的直线位移变为指针的角位移的计量器具，如图 1-45 所示。

图 1-44 千分尺

图 1-45 百分表

2. 常用工具

（1）手钳类工具　手钳是用来夹持零件、切断金属丝、剪切金属薄片或将金属薄片、金属丝弯曲成所需形状的常用手工工具。手钳的规格是指钳身长度（单位为 mm）。按用途可分为钢丝钳、尖嘴钳、扁嘴钳、圆嘴钳和弯嘴钳等，如图 1-46 所示。

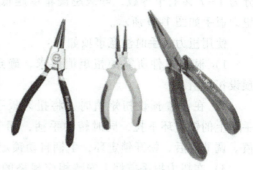

图 1-46　手钳类工具

（2）扳手类工具　扳手主要用来扳动一定范围尺寸的螺栓、螺母，启闭阀类，安装、拆卸杆类螺栓等。常用扳手有呆扳手、梅花扳手、两用扳手、活扳手、内六角扳手、套筒扳手、钩形扳手、棘轮扳手、"F"扳手和扭力扳手等，如图 1-47 所示。

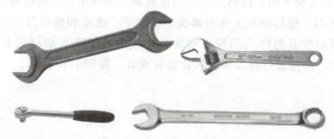

图 1-47　扳手类工具

目前自动化设备上大量使用内六角扳手和内六角螺钉的组合。常用规格（单位为 mm）有：1.5、2、2.5、3、4、5、6、8、10、12、14、17、19、22、27。内六角扳手和内六角螺钉如图 1-48 所示。

图 1-48　内六角扳手和内六角螺钉

在紧固和起松不同规格螺母和螺栓时，常使用活扳手，其开口宽度可在一定范围内进行调节。

当对紧固力矩有严格要求时，常使用扭力扳手，扭力扳手是一种带有扭矩测量机构的拧紧测量工具，它用于紧固螺栓和螺母，并能够测量出拧紧时的扭矩值，扭力扳手的精度分为 1~7 共七个等级，等级越高精度越低。扭力扳手如图 1-49 所示。

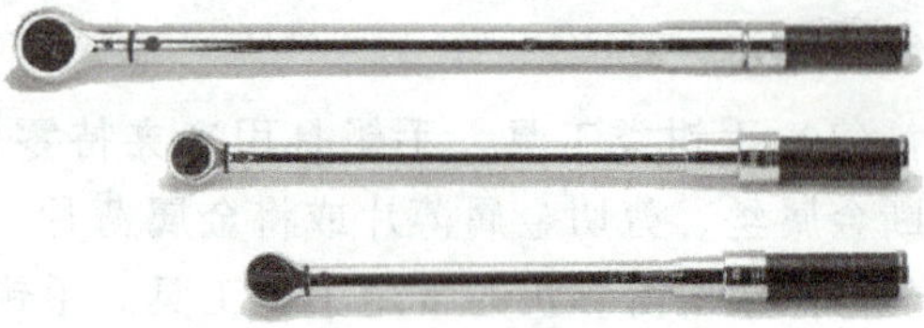

使用扭力扳手时注意事项如下：

1）根据工件所需的扭矩值要求，确定预设扭矩值。

图 1-49　扭力扳手

2）在设置预设扭矩值时，将扭力扳手手柄上的锁定环下拉，同时转动手柄，调节标尺主刻度线和微分刻度线数值至所需扭矩值。调节好后，松开锁定环，手柄自动锁定。

3）在扭力扳手方榫上安装相应规格的套筒，并套住紧固件，再慢慢施加外力，施加外力的方向必须和标明的箭头方向一致。当听到"咔嗒"一声时，说明已经达到预设扭矩值，停止施加外力。

4）在使用大规格扭力扳手时，可外加长套杆以便操作省力。

5）扭力扳手若长期不用，应将其标尺刻度线调节至扭矩最小数值处。

（3）旋具类工具　螺钉旋具又称为螺旋凿、起子、改锥和螺丝刀，它是一种紧固和拆卸螺钉的工具。螺钉旋具的样式和规格很多，常用的有一字形螺钉旋具、十字形螺钉旋具、夹柄螺钉旋具、多用螺钉旋具和内六角螺钉旋具，如图 1-50 所示。

图 1-50　螺钉旋具

（4）钻类工具　电钻是常用的电动工具，用于在工件上钻孔。电钻分为台式电钻和手电钻两种，如图 1-51 所示。

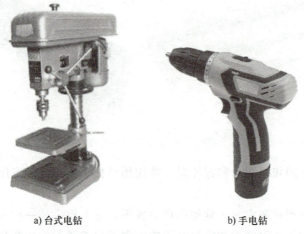

a）台式电钻　　b）手电钻

图 1-51　电钻

手电钻也常搭配不同的批头用作电动螺丝刀，用来紧固和拆卸螺钉。

（5）锤类工具　锤子又称为榔头，常用于矫正小型工具、打样冲和敲击錾子进行切削以及切割等。锤子分为硬锤子和软锤子。硬锤子一般是钢铁制品，软锤子一般是铜锤、铝锤、木锤、橡胶锤等。锤子由锤头和木柄组成，锤子的规格是以锤头质量（单位为 kg）来表示的，也有用英制单位磅表示的。常用锤子有斩口锤、圆头锤和钳工锤等。锤子如图 1-52 所示。

图 1-52　锤子

1.2.3　末端执行器的磨损和失效检查

一、磨损

磨损是指有相对运动（或趋势）的零件工作表面的物质，由于摩擦而不断损耗的现象。按照磨损的机理，磨损可分为磨粒磨损、黏着磨损、疲劳磨损和腐蚀磨损等四种主要类型，此外还有微动磨损和过度磨损等。

1. 磨粒磨损

磨粒磨损是指在相摩擦的两个表面，由硬质颗粒的存在而引起零件表面磨损的现象。磨粒磨损将会在材料表面划出沟槽，其磨损程度随运动速度、载荷、磨粒硬度等的增大而加剧。减小磨粒磨损的主要措施是防止外来磨粒进入和防止摩擦表面间产生磨粒。

2. 黏着磨损

黏着磨损是指在相互摩擦的两表面之间，由于温度较高，使摩擦表面的金属局部熔化发生转移黏附在相接触的零件表面的现象。黏着磨损将会在零件表面形成麻点或鳞尾状磨痕。严重的黏着磨损会产生零件表层金属内部撕裂，引起摩擦表面咬黏，即两摩擦表面黏附在一起，导致相对运动中止，造成机械事故。减少黏着磨损的主要措施包括采用科学的磨合工艺、按规定要求强化材料表面、选择合适的表面粗糙度、保持良好的润滑等。

3. 疲劳磨损

疲劳磨损是指在周期性载荷长期作用下，相互接触的零件表面产生塑性变形及应力集中，导致形成微观裂纹，随摩擦进程的延续，微观裂纹进一步扩大并交织在一起，最后围成面积而剥落的现象。疲劳磨损将在材料表面形成麻点、裂纹甚至微片剥落。

4. 腐蚀磨损

腐蚀磨损是指因材料与周围介质发生化学或电化学反应而引起零部件表面材料损失的现象。腐蚀磨损根据其介质性质等的不同可分为氧化磨损、特殊介质腐蚀磨损和穴蚀三种形式。减小腐蚀磨损的主要措施包括选用耐腐蚀性强的材料、对材料表面进行不同的处理（如表面挤压、表面淬火、碳氮共渗和表面喷丸）及正确的使用维护等。

二、失效

机械设备中各种零件或构件都具有一定的功能，如传递运动、力或能量，实现规定的动作，保持一定的几何形状等。当机件在载荷（包括机械载荷、热载荷、腐蚀及综合载荷等）作用下丧失最初规定的功能时，即称为失效。

1. 产生主要失效形式的原因

（1）断裂　在工作载荷的作用下，特别是冲击载荷的作用，脆性材料的零件会由于某一危险截面上的应力超过其强度极限而发生断裂。在循环变应力作用下，工作时间较长的零件容易发生疲劳断裂，这是大多数机械零件的主要失效形式之一。断裂是严重的失效，有时会导致严重的人身和设备事故。

（2）过大的变形　零件承受载荷工作时，会发生弹性变形，而严重过载时，塑性材料的零件会出现塑性变形。变形造成零件的尺寸、形状和位置发生改变，破坏零件之间的相互位置或配合关系，导致零件乃至机器不能工作。过大的弹性变形还会引起零件振动。

（3）表面破坏　在机器中，大多数零件都与其他零件发生接触，载荷作用在表面上，摩擦发生在表面上，周围介质又与表面接触，从而使零件表面发生破坏。表面破坏主要包括腐蚀、磨损和点蚀（接触疲劳）。零件表面破坏会导致能量消耗增加，温度升高，振动加剧，噪声增大，最终使得零件无法正常工作。

2. 失效故障模式类型

失效故障模式类型如图 1-53 所示。

（1）模式 A　当设备或组件接近预期的工作年龄时，经过一段随机的故障，失效的可能性大幅增加。

（2）模式 B　俗称"浴盆曲线"，这种失效模式与电子设备尤其相关。初期，有较高失效的可能性，但这种可能性逐渐减小，进入平缓期，直到设备或组件的寿命快结束时，失效的可能性又变大。

（3）模式 C　模式 C 时，随时间的延长设备或组件失效的可能性逐渐增加。这种模式可能是持续的疲劳所致。

（4）模式 D　除最初的磨合期外，其他时间失效的可能性相对稳定。这表明设备或组

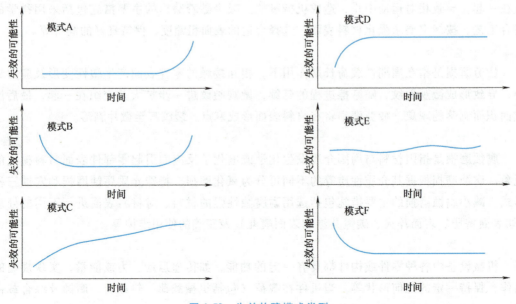

图 1-53　失效故障模式类型

件的失效可能性在寿命期内是相同的。

（5）模式 E 设备或组件的失效可能性在寿命期内是相同的，与时间无关。

（6）模式 F 相比较"浴盆曲线"，该模式初期故障率较高，之后与其他两种随机模式相同。

1.2.4 末端执行器气动和液压的连接密封

一、气压传动系统的认识

气压传动系统具有以下优点：

1）空气来源方便，用后直接排出，无污染。

2）空气黏度小，气体在传输中摩擦力较小，可实现集中供气和远距离输送。

3）气动系统对工作环境适应性好。特别是在易燃、易爆、多尘埃、强磁、辐射、振动等恶劣工作环境工作时，安全可靠性优于液压、电子和电气系统。

4）气动动作迅速、反应快、调节方便，可利用气压信号实现自动控制。

5）气动元件结构简单、成本低且寿命长，易于标准化、系列化和通用化。

因此，工业机器人的末端执行器也多采用气压传动。这类产品一般由动力源、传感器、机械结构、气动系统、执行元件组成。系统的组成部分必须无缝地协同工作，以执行其职能。

二、常见气动元件

1. 气源装置及辅件

气源装置包括压缩空气的发生装置以及压缩空气的存储、净化等辅助装置。它为气动系统提供符合质量要求的压缩空气，是气动系统的一个重要组成部分。

气源装置一般由气压发生装置、净化及储存压缩空气的装置和设备、传输压缩空气的管道系统和气动三大件四部分组成，如图1-54所示。

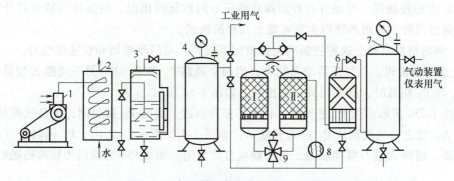

图 1-54 气源装置的组成和布置示意图

1—空气压缩机 2—后冷却器 3—油水分离器
4、7—储气罐 5—干燥器 6—过滤器 8—加热器 9—四通阀

图 1-54 中，1 为空气压缩机，用以产生压缩空气，一般由电动机带动。其吸气口装有空气过滤器，以减少进入空气压缩机内气体的杂质量。2 为后冷却器，用以降温冷却压缩空气，使气化的水、油凝结起来。3 为油水分离器，用以分离并排出降温冷却凝结的水滴、

油滴、杂质等。4为储气罐，用以储存压缩空气，稳定压缩空气的压力，并除去部分油分和水分。5为干燥器，用以进一步吸收或排除压缩空气中的水分及油分，使之变成干燥空气。6为过滤器，用以进一步过滤压缩空气中的灰尘、杂质颗粒。7为储气罐。储气罐4输出的压缩空气可用于一般要求的气动系统，储气罐7输出的压缩空气可用于要求较高的气动系统（如气动仪表及射流元件组成的控制回路等）。8为加热器，可将空气加热，使热空气吹入闲置的干燥器中进行再生，以备干燥器Ⅰ、Ⅱ交替使用。9为四通阀，用于转换两个干燥器的工作状态。

2. 气动执行元件

气动执行元件是将压缩空气的压力能转换为机械能的装置，包括气缸和气马达。

（1）气缸　气缸是气动系统的执行元件之一。它是将压缩空气的压力能转换为机械能并驱动工作机构做往复直线运动或摆动的装置。与液压缸相比，它具有结构简单，制造容易，工作压力低和动作迅速等优点，故应用十分广泛。

气缸种类很多，结构各异、分类方法也多，常用的有以下几种。

1) 按压缩空气在活塞端面作用力的方向不同，分为单作用气缸和双作用气缸。
2) 按结构特点不同，分为活塞式、薄膜式、柱塞式和摆动式气缸等。
3) 按安装方式不同，分为耳座式、法兰式、轴销式、凸缘式、嵌入式和回转式气缸等。
4) 按功能不同，分为普通式、缓冲式、气-液阻尼式、冲击和步进气缸等。

（2）气马达　气马达是将压缩空气的压力能转换成旋转的机械能的装置。气马达有叶片式、活塞式、齿轮式等多种类型，在气压传动中使用最广泛的是叶片式和活塞式气马达。

3. 气动控制元件

气动控制元件按其功能和作用分为方向控制阀、压力控制阀和流量控制阀三大类。此外，还有通过控制气流方向和通断实现各种逻辑功能的气动逻辑元件等。

（1）方向控制阀　气动方向控制阀和液压方向控制阀相似，按其作用特点可分为单向型和换向型两种，其阀芯结构主要有截止式和滑阀式。

1) 单向型控制阀。这种控制阀包括或门型梭阀、与门型梭阀和快速排气阀。

① 或门型梭阀。在气压传动系统中，当两个通路 P_1 和 P_2 均与另一通路 A 相通，而不允许 P_1 与 P_2 相通时，就要用或门型梭阀，如图1-55所示。

如图1-55a所示，当 P_1 进气时，将阀芯推向右边，通路 P_2 被关闭，于是气流从 P_1 进入通路 A。反之，气流则从 P_2 进入通路 A，如图1-55b所示。当 P_1、P_2 同时进气时，哪端压力高，通路 A 就与哪端相通，另一端就自动关闭。图1-55c 为或门型梭阀的图形符号。

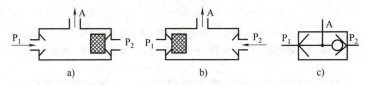

图1-55　或门型梭阀

② 与门型梭阀（双压阀）。与门型梭阀又称为双压阀，如图1-56所示。当 P_1 或 P_2 单

独有输入时,阀芯被推向右端或左端(图1-56a、b),此时 A 口无输出;只有当 P_1 和 P_2 同时有输入时,A 口才有输出(图1-56c)。若 P_1 和 P_2 两个输入口的气压不等,则气压低的通过 A 口输出。图1-56d 为该阀的图形符号。

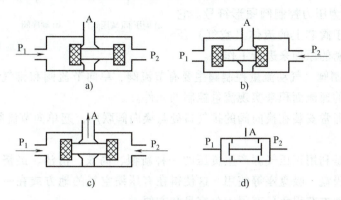

图1-56 与门型梭阀

③ 快速排气阀。快速排气阀又称为快排阀,它是为加快气缸运动做快速排气用的。图1-57 所示为膜片式快速排气阀。

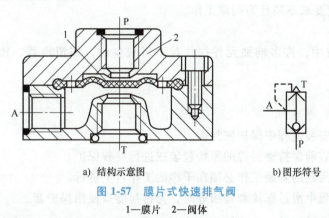

a) 结构示意图　　　　b) 图形符号

图1-57　膜片式快速排气阀

1—膜片　2—阀体

2) 换向型控制阀。图1-58 所示为二位三通电磁换向阀。

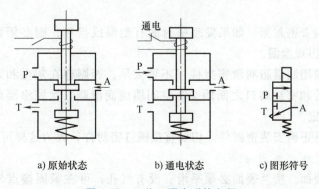

a) 原始状态　　b) 通电状态　　c) 图形符号

图1-58　二位三通电磁换向阀

（2）压力控制阀　气动压力控制阀主要有调压阀（减压阀）、顺序阀和安全阀（溢流阀）。

图 1-59 所示为压力控制阀图形符号。它们都是利用作用于阀芯上的流体（空气）压力和弹簧力相平衡的原理来进行工作的。

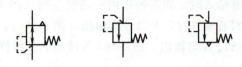

a) 调压阀(减压阀)　　b) 顺序阀　　c) 安全阀(溢流阀)

图 1-59　压力控制阀（直动型）图形符号

（3）流量控制阀　气动流量控制阀主要有节流阀、单向节流阀和排气节流阀等，都是通过改变控制阀的通流面积来实现流量控制的元件。

排气节流阀通常安装在换向阀的排气口处与换向阀联用，起单向节流阀的作用。

4. 真空发生器

真空发生器是利用正压气源产生负压的一种新型、高效、清洁、经济、小型的真空元器件，经常配合吸盘、吸盘座等使用，这使得在有压缩空气的地方或在一个气动系统中同时需要正负压的地方获得负压变得十分容易和方便。

真空发生器广泛应用在工业自动化中机械、电子、包装、印刷、塑料及机器人等领域。真空发生器的传统用途是与吸盘配合，进行各种物料的吸附、搬运，尤其适合于吸附易碎、柔软、薄的非铁、非金属材料或球形物体。在这类应用中，一个共同特点是所需的抽气量小，真空度要求不高且为间歇工作。

5. 气动辅件

气动控制系统中，许多辅助元件往往是不可缺少的，如消声器、转换器、管道和接头等。

三、密封件安装

1. 密封件的使用原则

1）在运输和安装过程中保护密封面。

2）在实际安装前保持密封件的原始包装或进行妥善保护。

3）密封件和齿轮的安装工作必须在干净的工作台上进行。

4）在安装过程中滑过螺纹和键槽等时，为密封唇口使用保护套。

2. 旋转密封件的安装

1）检查密封件，以确保密封件的类型正确无误（带有刃口），密封刃口无任何损坏（用手指甲感觉）。

2）安装前先检查密封面。如果发现密封面有刮痕或损坏，则必须更换密封件，因为这可能会导致将来出现泄漏。

3）即将安装前用润滑脂润滑密封件（不要太早，否则存在灰尘和杂质颗粒黏附密封件的风险）。将尘舌和密封唇口之间的 2/3 空间填满润滑脂。橡胶涂层外径也必须涂上润滑脂，除非另有规定。

4）用安装工具正确安装密封件。切勿直接锤打密封件，因为这样可能会造成泄漏。

3. 法兰密封件和静态密封件的安装

1）检查法兰表面。法兰表面必须平滑，没有气孔；可在紧固接点使用标准尺轻松检查平滑性（不用密封剂）；如果法兰表面有缺陷，则不能使用，因为可能会出现泄漏。

2）根据厂商的建议正确清洁表面。

3）将密封剂平均分布在表面，最好使用刷子。

4）紧固法兰接点时，应均匀地拧紧螺钉。

4. O形环的安装

1）确保使用尺寸正确的O形环。

2）检查O形环表面是否存在缺陷和毛刺，以及检查其外形精确度等，不得使用有缺陷的O形环。

3）检查O形环的凹槽。凹槽必须符合几何学原理，并且没有气孔和尘垢。

4）用润滑脂润滑O形环。切勿为顶盖润滑O形环，它有可能在清洁过程中滑出其所在位置。

5）装配时应均匀拧紧螺钉。

1.3 周边设备机械系统的检查与诊断

1.3.1 周边设备的布局图识读

一、工作站机械图样识读方法

工业机器人工作站是指以一台或多台工业机器人为主，配以相应的外围设备，如变位机、带式传送机、工装夹具等，或借助人工的辅助操作一起完成相对独立的作业或工序的一组设备组合。工业机器人工作站主要由工业机器人本体、控制系统、辅助设备，以及其他外围设备构成，表示这些设备安装与调试的所有图样就是工作站机械图样。

1. 阅读工作站机械图样的要求

操作人员通过对工业机器人工作站识图知识的学习，应满足以下基本要求：

1）了解工作站的名称、用途、性能和主要技术特性。

2）了解各零部件的材料、结构形状、尺寸，以及零部件之间的装配关系、拆装顺序。

3）根据设备中各零部件的主要形状、结构和作用，了解整个设备的结构特征和工作原理。

4）了解设备上气动元件的原理和数量。

5）了解设备在设计、制造、检验和安装等方面的技术要求。

2. 阅读工作站机械图样的方法

阅读工作站机械图样的方法一般包括概括了解、详细分析和归纳总结等，但应该注意工作站的内容和图示特点。操作人员在阅读机械图样前，要初步了解典型模块的基本结构，以提高读图的速度和效率。

（1）概括了解

1）看标题栏，了解设备的名称、规格、材料、重量、绘图比例和图样张数等；粗看视图，了解设备采用的视图数量和表达方法，找出各视图、剖视图的位置和表达重点。

2）看明细栏，概括了解设备中各零件、部件、电器元件等的名称和数量，以及哪些是零件图和部件图，哪些是标准件和外购件。

3）看设备的设计配置表及技术要求，概括了解设备在设计、制造和检验等方面的其他技术要求。

（2）详细分析

1）视图分析。分析设备图上共有多少个视图，哪些是基本视图，各视图采用了哪些表达方法，分析各视图之间的关系和作用。

2）零部件分析。以主视图为中心，并结合其他视图，将某一零部件从视图中分离出来，然后将序号和明细栏联系起来进行零部件分析。零部件分析的内容包括以下几点：

① 结构分析，弄清该零部件的结构特征，想象出其形状。

② 尺寸分析，包括规格尺寸、定位尺寸及标注的定性尺寸和各种符（代）号。

③ 功能分析，弄清零部件在设备中的作用。

④ 装配关系分析，即零部件在设备中的位置及与主体或其他零部件的连接装配关系。

⑤ 对于标准化零部件，还可根据其标准号和规格查阅相应的标准进行进一步的分析。

⑥ 对于组合件，可以从部件图中了解相应内容。

工作站的零部件一般较多，一定要分清主次，对于主要的、较复杂的零件或部件装配关系要重点分析。此外，零部件分析最好按一定的顺序有条不紊地进行，一般按先大后小、先主后次、先易后难的顺序，也可按序号顺序逐一分析。

3）工作原理分析。结合布局图和配置单，分析各模块的用途及其在设备的纵向和横向的位置，从而清楚设备的工作原理。

4）技术特性和技术要求分析。通过各模块的技术要求，明确各模块的性能、主要技术指标，以及在制造、检验和安装过程中的技术要求。

（3）归纳总结　在零部件分析的基础上，通过详细阅读机械图样，可以将各零部件的形状，以及各零部件在设备中的位置和装配关系进行综合，并分析设备的整体结构特征，从而想象出设备的整体形状。然后进一步对设备的结构特点、用途、技术特性、主要零部件的作用及设备的工作原理和工作过程等进行归纳总结，最后对该设备有一个全面的、清晰的认识。

在阅读工业机器人工作站机械图样时，应适当地了解工业机器人在该工艺应用中的有关设计资料，了解工业机器人在工艺过程中的作用和地位，这有助于理解工作站的设计结构。操作人员如果能熟悉各类工业机器人工作站典型结构的有关知识，熟悉工作站常用零部件的结构和有关标准，熟悉工作站的表达方法和图示特点，必将大大提高其读图的速度、深度和广度。

二、工作站电气图样识读方法

1. 阅读设备说明书

阅读设备说明书的目的是了解设备的机械结构、电气传动方式、对电气控制的要求、设备和电器元件的布置情况，以及设备的操作方法、各种按钮和开关的作用等。

2. 阅读电气图样说明

阅读电气图样说明的目的是弄清楚设计的内容和施工要求，了解电气图样的大体情况，抓住阅读要点。电气图样说明包括电气图样目录、技术说明、设备材料明细表、电器元件明细表、设计和施工说明书等，对工程项目的设计内容及总体要求进行大致了解，有助于抓住阅读电气图样的重点内容。

阅读电气图样说明的方法是：从标题栏、技术说明到图形、电器元件明细表，从总体到局部，从电源到负载，从主电路到辅助电路，从电源到电器元件，从上到下，从左到右。

3. 阅读电气原理图

为了进一步了解系统或分析系统的工作原理，需要仔细地阅读电气原理图。在阅读电气原理图时，要分清主电路和辅助电路，交流电路和直流电路，再按先看主电路后看辅助电路的顺序读图。

在看主电路时，一般是由上而下，即由电源经开关设备及导线向负载方向看，也就是看电源是怎样给负载供电的。在看辅助电路时，由上而下，即先看电源，再依次看各回路，分清各辅助电路对主电路的控制、保护、测量、指示和监视功能，以及控制电路的组成和工作原理。

4. 阅读安装接线图

安装接线图是以电路为依据的，因此要对照电气原理图来阅读安装接线图。在阅读安装接线图时同样是先看主电路，再看辅助电路。在看主电路时，从电源引入端开始，依次通过开关设备、线路和负载。在看辅助电路时，从电源的一端到电源的另一端，按电器元件的连接顺序分析各回路。

1.3.2 周边设备的布局检查

一、设备日常巡视方法

对设备巡视检查是运行工作中经常性的很重要的一项内容。处于运行状况的设备，其性能和状态的变化，除依靠设备的保护、监视装置、仪表等显示外，对于设备故障和异常初期的外部现象，则主要依靠值班人员定期和特殊巡视检查来发现。因此，设备巡视检查的质量高低、全面与否，与值班人员的技术经验、工作责任心和巡视方法直接有关。巡视检查的一般方法有：

1. 眼看

用眼观察设备看得见的部位，通过其外表变化来发现异常现象，如标色设备漆色的变化、裸金属色泽，充油设备油色变化和渗漏，设备绝缘的破损、裂纹、污渍等。

2. 耳听

带电运行的设备，不论是静止的还是旋转的，有很多都能发出表明其运行状况的声音。如变压器正常运行时，平稳、均匀、低沉的"嗡嗡"声是交变磁场反复作用振动的结果。值班人员随着经验和知识的积累，只要熟练地掌握了这些设备正常运行时的声音情况，遇有异常时，用耳朵或借助听音器械（如听音棒），就能通过它们的高低、节奏、声色的变化、杂音的强弱来判断电气设备的运行状况。

3. 鼻嗅

鼻子是人的一个向导，对于某些气味（如绝缘烧损的焦煳味）的反应，比用某些自动仪器还灵敏得多。嗅觉功能因人而异，但对于电气设备有机绝缘材料过热所产生的气味，正常人都是可以辨别的。值班人员在巡视过程中，一旦嗅到绝缘烧损的焦煳味，应立即寻找发热元件的具体部位，判别其严重程度，如是否冒烟、变色及有无异音异状，从而对症查处。

4. 用手触试

用手触试设备来判断缺陷和故障虽然是一种必不可少的方法，但必须强调的是，要分清可触摸的界限和部位，明确禁止用手触试的部位。

1）对于一次设备，用手触试检查之前，应当首先考虑安全方面的问题。例如，对带电运行设备的外壳和其他装置，需要触试检查温度时，先要检查其接地是否良好，同时还应注意站立位置，确保与设备带电部位的安全距离。

2）对于二次设备的检查，如判断继电器等元件是否发热，非金属外壳的可以直接用手触摸，对于金属外壳且接地良好的，也可以用手触试检查。

5. 使用仪器检查

巡视检查设备时可使用的便携式检测仪器主要有测温仪和测振仪等，通过仪器可以及时发现设备过热异常情况。

二、电气设备温度的检测方法

长期过热将加快电气设备绝缘老化，严重影响其使用寿命（绝缘材料使用温度超过允许值 8~12℃，其寿命减半）。所以要密切关注和监视电气设备运行中各部分温升的变化，使其在允许范围内工作。

1. 变色漆和温蜡片测温法

变色漆和温蜡片测温法主要用于测量母线和导线接头处及熔丝夹头外部的温度变化，防止过热引起事故。一般母线有焊接、压接和搭接三种连接方法，不管采用何种连接方法，在长期大电流运行中，均会发热，可用变色漆监视其温升。变色漆是随温度改变颜色的一种涂料。把它涂在接头处，常温是黄色，30℃以上开始变色，45℃为橙色，65℃为橙赤色。温度越高，颜色越深。温度下降，颜色变回。用温蜡片监视载流导线接头处温度也很方便。温蜡片是由不同熔点的石蜡和地蜡按一定的比例混合配成，有 60℃、70℃、80℃等，达到预定温度，温蜡片开始熔化，据此状可判断导线接头处温度的变化。

2. 温度计测温法

常用酒精温度计，将温度计插入电动机吊装螺孔内，所测温度再加上 10℃就是电动机绕组最热点的温度。用电动机的温度减去环境温度就是电动机的温升。此法最应注意的是，不让外界条件影响读数，所以温度计测量部分与被测表面必须接触良好。用棉花或软木塞紧温度计以减少测量误差。

3. 电阻测温法

采用电阻测温法时，首先用电桥测出绕组冷态直流电阻 R_1，再测出电动机运行后热态直流电阻 R_2，代入下式算出绕组的温升：

$$T_2=(R_2-R_1)/R_1\times(T_1+K)$$

式中，T_2 为绕组温升；T_1 为环境温度；K 为温度系数，铜线为 235℃，铝线为 228℃。

用电阻测温法推算出来的是平均温升，平均温升和最高温升允许相差 5℃左右。如推算出来的温升是 60℃，实际最热点的温升已达 65℃。

4. 埋置检温计法

埋置检温计法常用的温度计有两种：电阻体和热电阻。电阻体温度计是利用铂电阻或半导体电阻值随温度改变的性质而制成的。金属电阻温度计是用金属丝绕在云母或陶瓷做的锯齿状的十字架上，装在玻璃管或石英管中制成。使用半导体 PTC 热敏电阻或半导体温度继电器，将其埋置在电动机定子槽底与铁心之间，或定子绕组端部，用来直接检测绕组温度以保护电动机。使用 PTC 热敏电阻直接检测定子绕组温度有很大优越性。国际电工委员会（IEC）对 PTC 热敏电阻的温度-电阻特性提出以下要求：当温度比动作温度 $T_r^{\ominus}$ 低 20℃时，电阻值低于 250Ω；低 5℃时，电阻值低于 550Ω；高 5℃时，电阻值大于 1330Ω；高 15℃时，电阻值大于 4000Ω。

1.3.3　周边设备的安装与配合

一、安全防护装置的认识

安全防护装置是安全装置和防护装置的统称。安全装置是消除或减小风险的单一装置或与防护装置联用的装置，如联锁装置、使能装置、握持-运行装置、双手操纵装置、自动停机装置、限位装置等。防护装置是通过物体障碍方式专门用于提供防护的机器部分，根据其结构，防护装置可以是壳、罩、屏、门、封闭式防护装置等，如固定式防护装置、活动式防护装置、可调式防护装置、联锁防护装置、带防护锁的联锁防护装置及可控防护装置等。

为了减小已知的危险和保护各类工作人员的安全，在设计机器人系统时，应根据机器人系统的作业任务及各阶段操作过程的需要和风险评价的结果，选择合适的安全防护装置。所选用的安全防护装置应按制造厂的说明进行安装和使用。

二、安全防护装置的选择及安装

机器人系统的安全防护可以采用一种或多种安全防护装置。

1. 固定式或联锁式防护装置

在安装使用固定式防护装置（见图 1-60）时，应注意以下事项：

1）通过紧固件（如螺钉、螺栓、螺母等）或通过焊接将防护装置永久固定在所需位置。

2）其结构能经受预定的操作力和环境产生的作用力，即应考虑结构的强度与刚度。

3）其构造应不增加任何附加危险，如应尽量减少锐边、尖角、凸起等。

4）不使用工具就不能移开固定部件。

5）隔板或栅栏底部距离地面不大于 0.3m，高度应不低于 1.5m。

图 1-60　固定式防护装置

除通过与通道相连的联锁门或现场传感装置区域外，应能防止由别处进入安全防护空间。

$\ominus$　PTC 热敏电阻的动作温度 T_r 是出厂时的温度值，在此温度时，热敏电阻阻值将发生急剧变化，引起控制元件动作，起到保护作用。

注意：在物料搬运机器人系统周围安装的隔板或栅栏应有足够的高度以防止任何物件由于末端夹持器松脱而飞出隔板或栅栏。

采用联锁式防护装置时，应注意以下事项：

1）防护装置关闭前，联锁机构能防止机器人系统自动操作，但防护装置的关闭应不能使机器人进入自动操作方式，而起动机器人进入自动操作应在控制板上谨慎地进行。

2）在有伤害的风险消除前，具有防护锁定的联锁式防护装置应处于关闭和锁定状态；或当机器人系统正在工作时，防护装置被打开时应给出停止或急停的指令。联锁式防护装置起作用时，若不产生其他危险，则应能从停止位置重新起动机器人运行。

3）中断动力源可消除进入安全防护区之前的危险，但如果动力源中断不能立即消除危险，则联锁系统中应含有防护装置的锁定和/或制动系统。

4）在进出安全防护空间的联锁门处，应考虑设有防止无意识关闭联锁门的结构或装置（如采用两组以上触点或具有磁性编码的磁性开关等），还应确保所安装的联锁装置的动作在避免了一种危险（如停止了机器人的危险运动）时，不会引起另外的危险（如使危险物质进入工作区）发生。

2. 双手控制安全装置

双手控制安全装置包括双手控制装置、使能装置、握持-运行装置、自动停机装置、限位装置等。图1-61所示为一种双手控制安全装置。

3. 现场传感安全防护装置

现场传感安全防护装置包括安全光幕或光屏、安全垫系统、区域扫描安全系统、单路或多路光束等。图1-62所示为安全光幕装置。

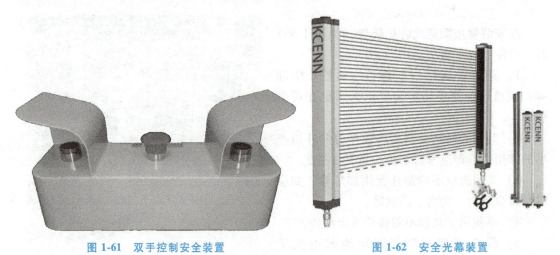

图1-61 双手控制安全装置　　　　图1-62 安全光幕装置

1.3.4 周边设备的安全防范

一、安全操作环境

操作人员在操作工业机器人时，不仅要考虑工业机器人的安全，还要保证工业机器人系统的安全。在操作工业机器人时必须具备安全防护栏及其他安全措施。错误的操作可能会导致工业机器人系统的损坏，甚至造成操作人员和现场人员的伤亡。工业机器人不得在下列任何一种情况下使用。

1）燃烧的环境。
2）可能发生爆炸的环境。
3）有无线电干扰的环境。
4）水中或其他液体中。
5）以运送人或动物为目的情况。
6）操作人员攀爬在工业机器人上或悬吊于工业机器人下。

二、工业机器人操作注意事项

只有经过专门培训的人员才能操作工业机器人，操作人员在操作工业机器人时需要注意以下事项：

1）禁止在工业机器人周围做出危险行为，接触工业机器人或周围机械有可能造成人身伤害。
2）在工厂内，为了确保安全，必须注意"严禁烟火""高电压""危险"等标识。当电气设备起火时，应使用二氧化碳灭火器灭火，切勿使用水或泡沫灭火器灭火。
3）为防止发生危险，操作人员在操作工业机器人时必须穿戴好工作服、安全鞋、安全帽等安全防护设备。
4）安装工业机器人的场所除操作人员以外，其他人员不能靠近。
5）接触工业机器人控制柜、操作盘、工件及其他夹具等，有可能造成人身伤害。
6）禁止强制搬动工业机器人、悬吊于工业机器人下、攀爬在工业机器人上，以免造成人身伤害或者设备损坏。
7）禁止倚靠在工业机器人或其他控制柜上，不要随意按动开关或者按钮，否则会造成人身伤害或者设备损坏。
8）当工业机器人处于通电状态时，必须由经过专门培训的人员接触工业机器人控制柜和示教器，否则错误操作会导致人身伤害或者设备损坏。

三、安全防范措施

操作人员在作业区工作时，为了确保操作人员及设备安全，需要执行下列安全防范措施：

1）在工业机器人周围设置安全栅栏，防止操作人员与已通电的工业机器人发生意外的接触。在安全栅栏的入口张贴"远离作业区"的警示牌。安全栅栏的门必须安装可靠的安全锁链。
2）工具应放置在安全栅栏外的合适区域。若由于操作人员疏忽把工具放在夹具上，与工业机器人接触则有可能造成工业机器人或夹具的损坏。
3）当向工业机器人上安装工具时，务必先切断控制柜及所装工具的电源并锁住其电源开关，同时在电源开关处挂一个警示牌。

示教工业机器人前，必须检查工业机器人在运动方面是否有问题，以及外部电缆绝缘保护罩是否有损坏，如果发现问题，则应立即纠正，并确定其他所有必须做的工作均已完成。示教器使用完毕后，务必挂回原来的位置。如果示教器遗留在工业机器人、系统夹具或地面上，则示教器会与工业机器人或安装在工业机器人上的工具发生碰撞，从而可能造成人身伤害或者设备损坏。

1.4 机械系统检查与诊断技能训练实例

技能训练1 各轴零点位置的校准

一、训练要求

某一工业机器人在安装结束之后，通过示教器回零发现机器人无法恢复到出厂设置的零点位置，如果将机器人拆卸后重新安装就会过于复杂，此时可通过机器人零点重新校准的方法来调整。

具体要求如下：

1）确保操作过程中的人身和设备安全。

2）在机器人系统设置中，除了更改校准坐标参数外，不得更改系统中机械参数，否则会出现设备安全故障。

二、工具及器材

根据实际需求，选择工具及器材，见表1-5。

表1-5 工具及器材清单

序号	名称	规格	数量	备注
1	千分尺	自定	1套	
2	EMD	自定	1套	
3	其他常用工具	自定	1套	

三、评分标准

评分标准见表1-6。

表1-6 评分标准

项目	评分点	配分	评分标准	扣分	得分
系统的启动和关闭	正确启动设备	1	未能正确启动扣1分		
	正确关闭系统	1	未正确关闭系统或操作顺序不对扣1分		
查看、确认示教器提示报警信息	正确打开提示信息	1	不能打开提示信息查看扣1分		
	确认信息关闭窗口	1	未能关闭窗口扣1分		
设置运行方式	扭动钥匙开关，并选择运行模式	1	未能完成模式选择不得分，切换模式后未扭回钥匙开关扣1分		
手动移动机器人	用功能键操作机器人各轴运动	3	未能使用功能键手动移动机器人任何轴扣3分。6个轴有一个没按要求移动扣0.5分，扣完为止		
	用3D鼠标操作机器人各轴运动	3	未能使用3D鼠标手动移动机器人任何轴扣3分。6个轴有一个没按要求移动扣0.5分，扣完为止		

（续）

项目	评分点	配分	评分标准	扣分	得分
检查机器人安装位置及零点位置	最大限度移动机器人轴,检查安装位置是否合适	2	不能正确判断机器人安装位置是否合理扣 2 分		
	通过示教器进行回零操作	4	不能通过示教器进行回零操作扣 4 分		
	通过示教器记录各轴零点位置参数并设置	4	不能完成各轴零点位置参数设置,每处扣 2 分		
	检查各轴零点位置是否准确	6	每错一个轴扣 1 分		
职业素养和安全规范	安全	1	现场操作安全保护符合安全规范操作流程,未损坏设备		
	防护	1	绝缘鞋、安全帽等安全防护用品穿戴合理		
	职业素养	1	1) 遵守考核纪律,尊重考核人员 2) 爱惜设备器材,保持工作的整洁		

注：考核中出现任何事故及安全问题均停止考核，成绩按 0 分处理。

四、操作步骤

1. 零点校准原理分析

机器人零点校准原理与具体各轴零点校准位置参考 1.1.3 节相关内容。

2. 零点标定的步骤

1）将机器人移到预零点标定位置，如图 1-63 所示。

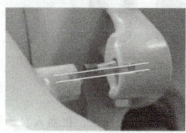
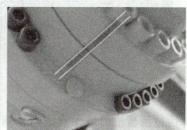

图 1-63　预零点标定位置示例

2）在主菜单中选择"投入运行"→"零点标定"→"EMD"→"带负载校正"→"首次零点标定"，将自动打开一个窗口，所有待零点标定的轴都显示出来，其中编号最小的轴已被选定。

3）从窗口中选定的轴上取下测量筒的防护盖，翻转过来的 EMD 可用作螺钉旋具，将 EMD 拧到测量筒上，如图 1-64 所示。

图 1-64　将 EMD 拧到测量筒上

4）将测量电缆连接到 EMD 上，并连接到机器人接线盒的 X32 接口上，如图 1-65 所示。

图 1-65　EMD 电缆连接

5）单击"零点标定"。

6）将确认开关按至中间挡位并按住，然后按住启动键，如图 1-66 所示。

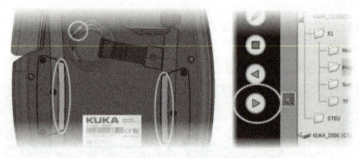

图 1-66　确认键和启动键

如果 EMD 通过测量槽的最深点，则已到达零点标定位置，机器人自动停止运行，数值被保存，该轴在窗口中消失。

7）将测量导线从 EMD 上取下，然后从测量筒上取下 EMD，并将防护盖重新装好。

8）对所有待零点标定的轴重复步骤 2）~5）。

9）关闭窗口。

10）将测量导线从接口 X32 上取下。

一般情况下，机器人零点校准的坐标数值应为 45°的整数倍。

技能训练 2　末端执行器的安装

一、训练要求

某一工业机器人在主体安装结束之后，要根据实际的工件安装合适的末端执行器，试根据安装工艺确认工业机器人末端执行器的安装角度及位置，并选择合适的安装工具，完成对某工业机器人末端执行器的安装。末端执行器装配图（即平行夹具装配图）如图 1-30 所示。

具体要求如下：

1) 确保操作过程中的人身和设备安全。
2) 不得更改系统中机械参数,否则会出现设备安全故障。

二、工具及器材

根据实际需求,选择工具及器材,见表1-7。

表1-7 工具及器材清单

工具	活扳手、尖嘴钳、内六方扳手、十字螺钉旋具、斜口钳、PU气管剪刀			
	序号	名称	型号及规格	数量
器材	1	内六角圆柱头螺钉	M4×10,不锈钢	8
	2	外螺弯接头	J-KQ2L04-M5	2
	3	十字槽沉头螺钉	M3×8,不锈钢	1
	4	基板	AL6063	1
	5	手爪	AL6063	2
	6	大口机械夹	HDT-1020	1
	7	气爪垫板	AL6063	1
	8	基板硅胶2	硅胶(黑色)	2
	9	轻型弹簧垫圈	ϕ4.1mm 不锈钢	4
	10	基板硅胶1	硅胶(黑色)	2
	11	感应块	AL6063	2
	12	单向节流阀	J-AS1201F-M5-04	2
	13	自动型快换夹具(夹具侧)	OX-03A-1	1
	14	手爪胶垫2	黑色硅橡胶	2
	15	手爪胶垫1	黑色硅橡胶	4
	16	内六角圆柱头螺钉	M5×10,不锈钢	6
	17	堵头	M-5P	8
	18	PU气管	ϕ4mm	3m
	19	生料带		1

三、评分标准

评分标准见表1-8。

表1-8 评分标准

项目	评分点	配分	评分标准	扣分	得分
系统的启动和关闭	正确启动设备	1	未能正确启动扣1分		
	正确关闭系统	1	未正确关闭系统或操作顺序不对扣1分		
查看、确认示教器提示报警信息	正确打开提示信息	1	不能打开提示信息查看扣1分		
	确认信息关闭窗口	1	未能关闭窗口扣1分		

（续）

项目	评分点	配分	评分标准	扣分	得分
手动移动机器人	用功能键操作机器人各轴运动	5	未能使用功能键手动移动机器人任何轴扣5分。6个轴有一个没按要求移动扣1分，扣完为止		
	用3D鼠标操作机器人各轴运动	5	未能使用3D鼠标手动移动机器人任何轴扣5分。6个轴有一个没按要求移动扣1分，扣完为止		
末端执行器安装	机器人侧快换装置安装	3	安装不牢固、角度安装不合理每处扣1分，扣完为止		
	工具侧快换装置与法兰安装	3	安装不牢固、角度安装不合理每处扣1分，扣完为止		
	末端执行器安装	5	不能正确安装末端执行器扣5分		
	气路与电路安装	2	气路安装错误、电路连接错误、气路与电路的绑扎不符合要求每处扣0.5分，扣完为止		
职业素养和安全规范	安全	1	现场操作安全保护符合安全规范操作流程，未损坏设备		
	防护	1	绝缘鞋、安全帽等安全防护用品穿戴合理		
	职业素养	1	1）遵守考核纪律，尊重考核人员 2）爱惜设备器材，保持工作的整洁		

注：考核中出现任何事故及安全问题均停止考核，成绩按0分处理。

四、操作步骤

1. 安装前的分析

机器人手爪是末端执行器的一种形式，机器人末端执行器是安装在机器人手腕上用来进行某种操作或作业的附加装置。机器人末端执行器的种类很多，以适应机器人的不同作业及操作要求。末端执行器可分为搬运用、加工用和测量用等。搬运用末端执行器是指各种夹持装置，用来抓取或吸附被搬运的物体。加工用末端执行器是带有喷枪、焊枪、砂轮和铣刀等加工工具的机器人附加装置，用来进行相应的加工作业。测量用末端执行器是装有测量头或传感器的附加装置，用来进行测量及检验作业。

2. 安装步骤

1）检查所有工具及器材的数量和质量，如图1-67所示。

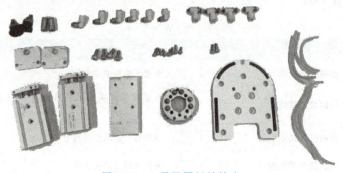

图1-67　工具及器材的检查

2）将直通接头和真空吸盘安装在吸嘴安装板上，如图1-68所示。

图1-68 直通接头和真空吸盘的安装

3）使用扳手将外螺弯接头与双轴气缸连接在一起，如图1-69所示。
4）将连接板与双轴气缸连接，如图1-70所示。

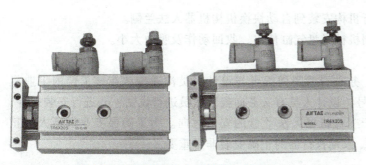   

图1-69 外螺弯接头与双轴气缸的连接   图1-70 连接板与双轴气缸的连接

5）使用内六角圆柱头螺钉将吸嘴安装板与双轴气缸连接在一起，如图1-71所示。
6）将自动快换装置与外螺弯接头连接，如图1-72所示。

图1-71 吸嘴安装板与双轴气缸的连接   图1-72 自动快换装置与外螺弯接头的连接

7）将自动快换装置与基板连接，如图1-73所示。
8）将基板与连接板连接，并插入气管，如图1-74所示。

图 1-73　自动快换装置与基板的连接

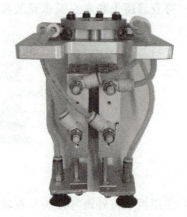

图 1-74　基板与连接板的连接

3. 气吸式末端执行器的检测

1）将安装完毕的末端执行机构安装到自动快换机构机器人法兰侧。

2）手动调整电磁阀，检测机械吸盘气缸伸出、收回动作及吸力大小。

注意事项：

1）在安装末端执行器前，务必看清图样或者与设计人员沟通确认在该工位的工业机器人应配备的末端执行器的型号，设计人员有义务向安装人员进行说明，并进行安装指导。

2）确定末端执行器相对于工业机器人法兰盘的安装方向。为了确保工业机器人能正常运行程序，并节约调试工期，末端执行器的正确安装非常重要。

复习思考题

1. 工业机器人本体的结构特点有哪些？
2. 工业机器人振动噪声的原因有哪些？
3. 简述工业机器人机械校准的操作步骤。
4. 简述工业机器人末端执行器的安装步骤。
5. 简述工业机器人末端执行器磨损与失效的形式。

Chapter 2 项目 2 电气系统检查与诊断

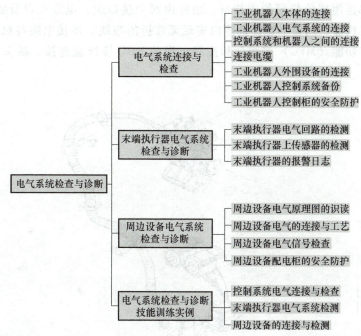

知识目标：

1. 掌握机器人电气系统的连接方法。
2. 掌握机器人外围设备的连接方法。
3. 掌握机器人控制系统的备份方法。
4. 掌握机器人末端执行器电气回路的检查方法。
5. 掌握周边设备电气的连接方法与工艺。

技能目标：

1. 能对机器人电气系统进行连接。
2. 能对机器人外围设备的电气系统进行连接。
3. 能对机器人控制系统进行备份与恢复。
4. 能对机器人末端执行器电气回路进行检测。
5. 能对周边设备电气系统进行正确的连接与工艺的保证。

2.1 电气系统连接与检查

2.1.1 工业机器人本体的连接

以 KR C4 工业机器人的电气系统连接为例来说明，机器人的电气设备由电缆束、电动机电缆的多功能（MFG）接线盒、控制电缆的 RDC 接线盒等部件组成。

电气设备（见图 2-1）含有用于为轴 1~轴 6 的电动机供电和控制的所有电缆。电动机上的所有接口都是用螺栓拧紧的连接器。组件由两个接口组、电缆束以及防护软管组成。防护软管可以在机器人的整个运动范围内实现无弯折的布线。连接电缆与机器人之间通过电动机电缆的多功能（MFG）接线盒和控制电缆的 RDC 接线盒连接。插头安装在机器人的底座上。

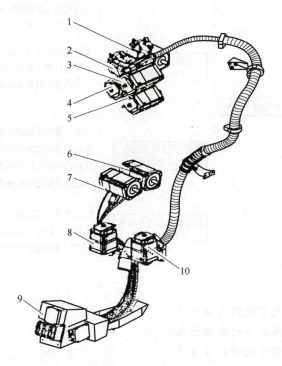

图 2-1　电气设备

1—轴 3 电动机（主动）　2—轴 3 电动机（从动）　3—轴 5 电动机
4—轴 4 电动机　5—轴 6 电动机　6—轴 2 电动机（主动）　7—轴 2 电动机（从动）
8—轴 1 电动机（主动）　9—插口　10—轴 1 电动机（从动）

2.1.2 工业机器人电气系统的连接

KR C4 工业机器人控制系统中共有 9 台电动机，电气系统的布线如图 2-2~图 2-13 所示。

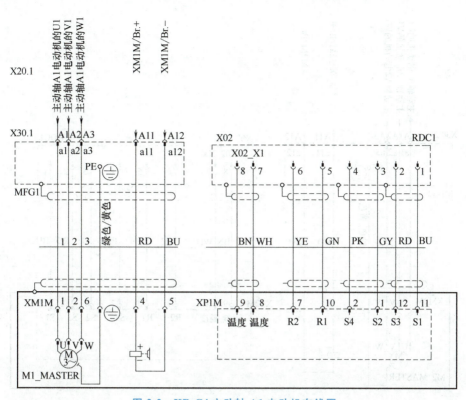

图 2-2　KR C4 主动轴 A1 电动机布线图

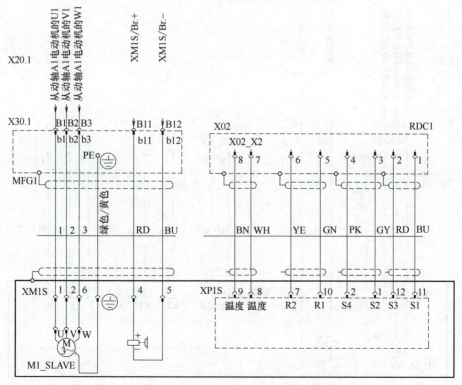

图 2-3　KR C4 从动轴 A1 电动机布线图

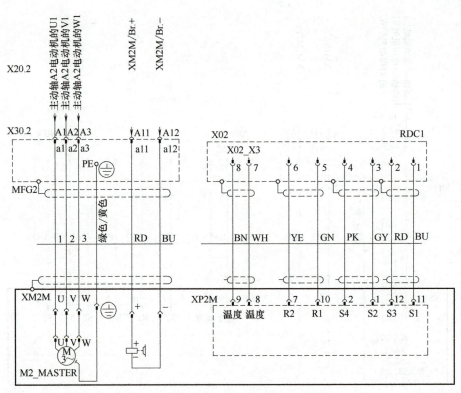

图 2-4　KR C4 主动轴 A2 电动机布线图

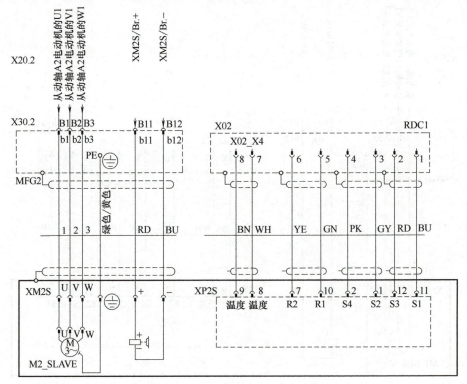

图 2-5　KR C4 从动轴 A2 电动机布线图

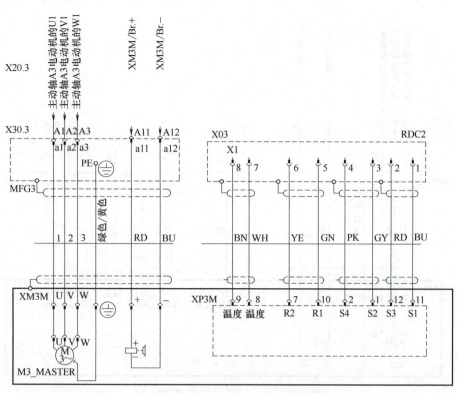

图 2-6　KR C4 主动轴 A3 电动机布线图

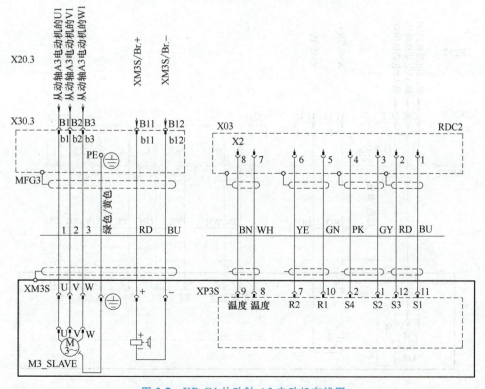

图 2-7　KR C4 从动轴 A3 电动机布线图

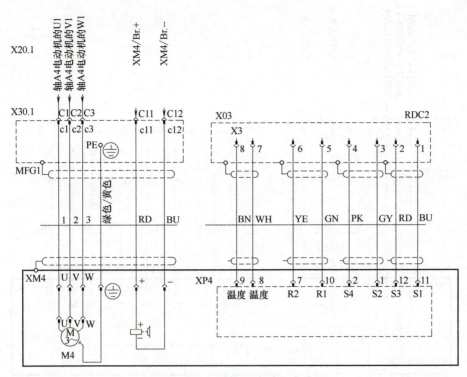

图 2-8 KR C4 轴 A4 电动机布线图

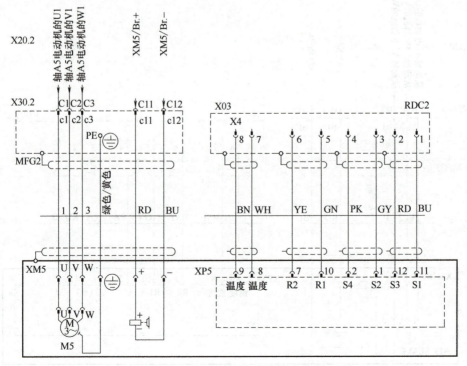

图 2-9 KR C4 轴 A5 电动机布线图

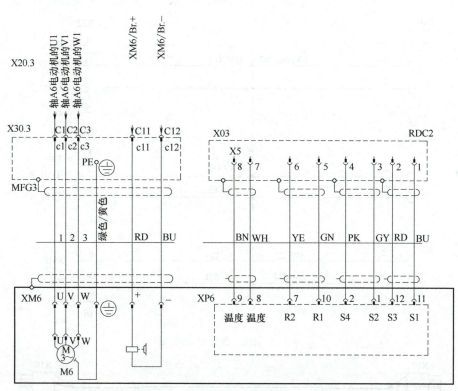

图 2-10　KR C4 轴 A6 电动机布线图

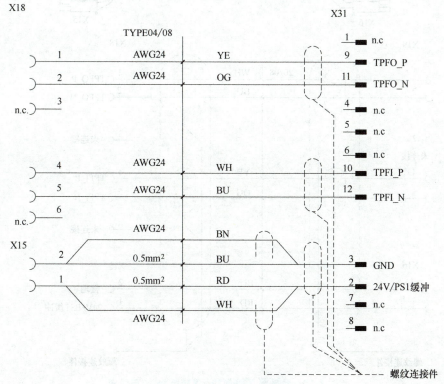

图 2-11　RDC X31 的布线图

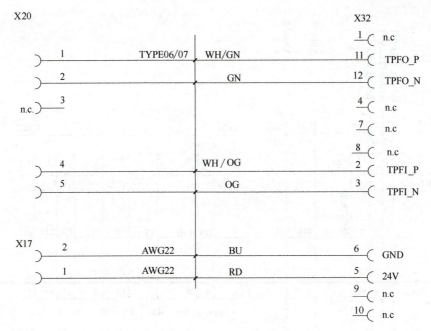

图 2-12 RDC X32 的布线图

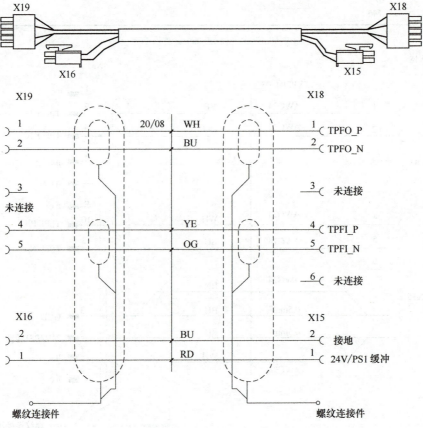

图 2-13 数据线 X18-X19、X15-X16 的布线图

2.1.3 控制系统和机器人之间的连接

控制系统和机器人之间的连接如图 2-14 所示。工业机器人电气系统（KR C4）的接地保护系统布线如图 2-15 所示。连接时要用到接口，图 2-16 和图 2-17 所示为常用的两种接口。在接口上有插头，见表 2-1，用于连接机器人控制系统和机器人。电动机连接线缆见表 2-2~表 2-4，数据线连接电缆如图 2-18 所示，接地线连接电缆如图 2-19 所示。

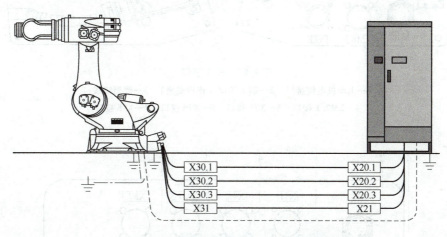

图 2-14 控制系统和机器人之间的连接

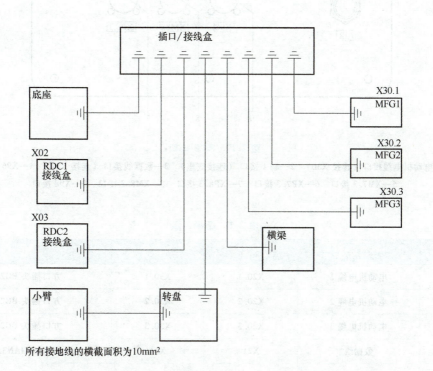

所有接地线的横截面积为10mm²

图 2-15 工业机器人电气系统（KR C4）的接地保护系统布线

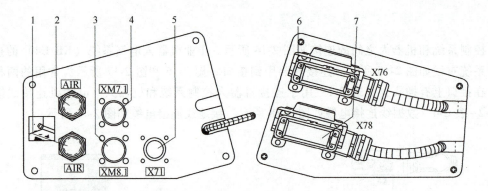

图 2-16 轴 1 接口

1—电动机电缆接口 2—轴 1 接口（连接底座） 3—数据线接口
4—XM7.1 接口 5—X71 接口 6—X76 接口 7—X78 接口

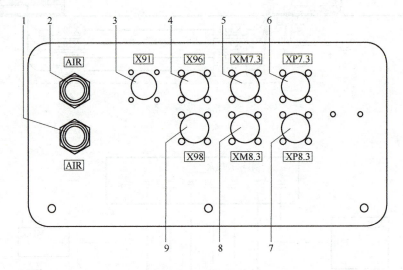

图 2-17 轴 3 接口

1—电动机电缆接口（连接 X30） 2—轴 1 接口（连接底座） 3—数据线接口（连接 X31） 4—X96 接口
5—XM7.3 接口 6—XP7.3 接口 7—XP8.3 接口 8—XM8.3 接口 9—X98 接口

表 2-1 连接电缆

序号	电缆名称	控制系统	机器人	类型
1	电动机电缆 1	X20.1	X30.1	方口插头 BG24
2	电动机电缆 2	X20.2	X30.2	方口插头 BG24
3	电动机电缆 3	X20.3	X30.3	方口插头 BG24
4	数据线	X21	X31	方口插 HAN3A
5	数据线			环形端子,8mm

表 2-2 电动机连接线缆（X20.1-X30.1）

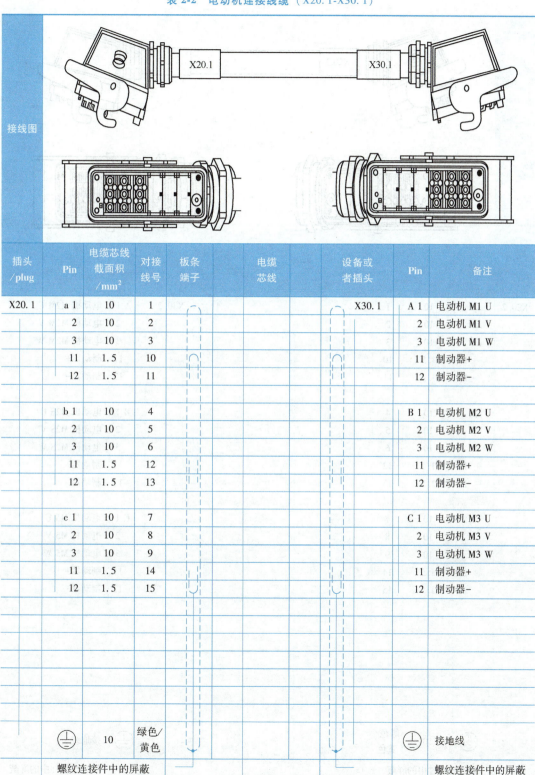

插头/plug	Pin	电缆芯线截面积/mm²	对接线号	板条端子	电缆芯线	设备或者插头	Pin	备注
X20.1	a 1	10	1			X30.1	A 1	电动机 M1 U
	2	10	2				2	电动机 M1 V
	3	10	3				3	电动机 M1 W
	11	1.5	10				11	制动器+
	12	1.5	11				12	制动器-
	b 1	10	4				B 1	电动机 M2 U
	2	10	5				2	电动机 M2 V
	3	10	6				3	电动机 M2 W
	11	1.5	12				11	制动器+
	12	1.5	13				12	制动器-
	c 1	10	7				C 1	电动机 M3 U
	2	10	8				2	电动机 M3 V
	3	10	9				3	电动机 M3 W
	11	1.5	14				11	制动器+
	12	1.5	15				12	制动器-
	⏚	10			绿色/黄色		⏚	接地线
	螺纹连接件中的屏蔽							螺纹连接件中的屏蔽

表 2-3 电动机连接线缆（X20.2-X30.2）

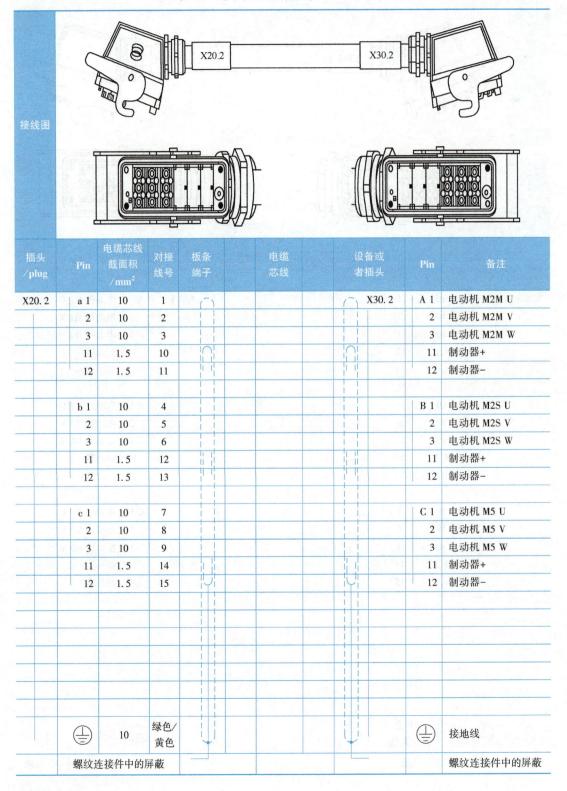

接线图

插头/plug	Pin	电缆芯线截面积/mm²	对接线号	板条端子	电缆芯线	设备或者插头	Pin	备注
X20.2	a 1	10	1			X30.2	A 1	电动机 M2M U
	2	10	2				2	电动机 M2M V
	3	10	3				3	电动机 M2M W
	11	1.5	10				11	制动器+
	12	1.5	11				12	制动器-
	b 1	10	4				B 1	电动机 M2S U
	2	10	5				2	电动机 M2S V
	3	10	6				3	电动机 M2S W
	11	1.5	12				11	制动器+
	12	1.5	13				12	制动器-
	c 1	10	7				C 1	电动机 M5 U
	2	10	8				2	电动机 M5 V
	3	10	9				3	电动机 M5 W
	11	1.5	14				11	制动器+
	12	1.5	15				12	制动器-
⏚		10	绿色/黄色				⏚	接地线
螺纹连接件中的屏蔽								螺纹连接件中的屏蔽

表 2-4　电动机连接线缆（X20.3-X30.3）

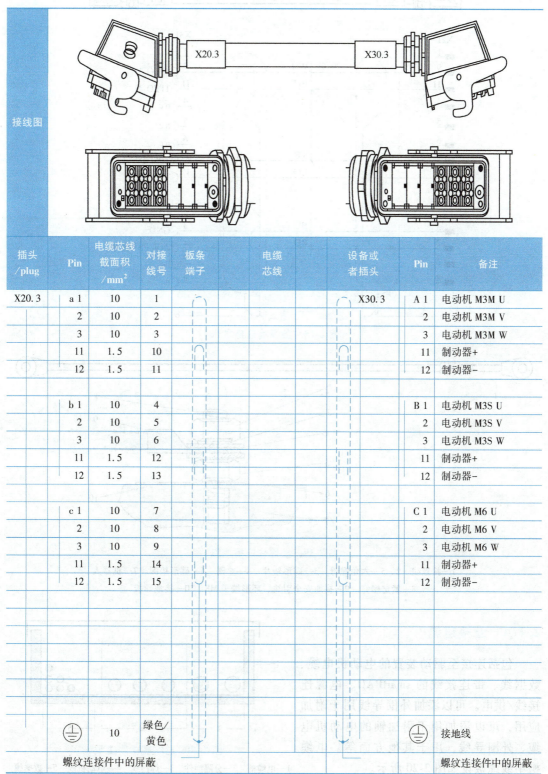

插头/plug	Pin	电缆芯线截面积/mm²	对接线号	板条端子	电缆芯线	设备或者插头	Pin	备注
X20.3	a 1	10	1			X30.3	A 1	电动机 M3M U
	2	10	2				2	电动机 M3M V
	3	10	3				3	电动机 M3M W
	11	1.5	10				11	制动器+
	12	1.5	11				12	制动器-
	b 1	10	4				B 1	电动机 M3S U
	2	10	5				2	电动机 M3S V
	3	10	6				3	电动机 M3S W
	11	1.5	12				11	制动器+
	12	1.5	13				12	制动器-
	c 1	10	7				C 1	电动机 M6 U
	2	10	8				2	电动机 M6 V
	3	10	9				3	电动机 M6 W
	11	1.5	14				11	制动器+
	12	1.5	15				12	制动器-
⏚		10		绿色/黄色		接地线	⏚	
螺纹连接件中的屏蔽								螺纹连接件中的屏蔽

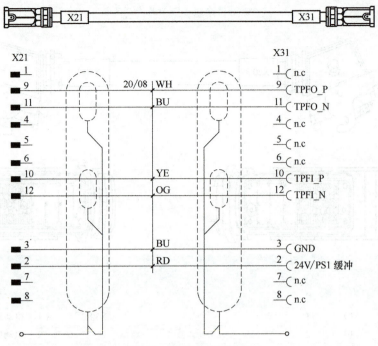

图 2-18 数据线连接电缆

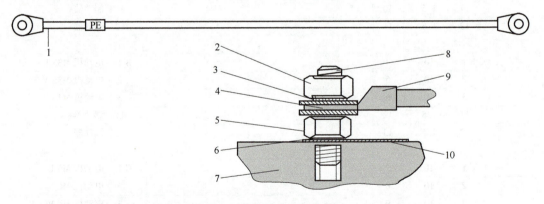

图 2-19 接地线连接电缆

1—接地线 2、5—六角螺母 3—碟形垫片 4—垫圈 6—碟形垫圈 7—机器人 8—紧定螺钉 9—接地安全引线、环形端子 M8 10—接地导板

2.1.4 连接电缆

包括连接至驱动装置的电动机电缆、数据线、带连接线的 smartPAD、电源连接线/供电。可以添加外围导线用于附加应用,可以添加用于附加轴的电动机电缆、外围导线,用于其他方面等。电缆槽中线缆敷设如图 2-20 所示。

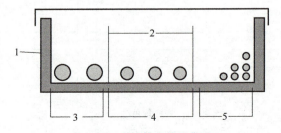

图 2-20 电缆槽中线缆敷设

1—电缆槽 2—分隔插件 3—焊接线 4—电动机线 5—数据线

1. 插入数据线 X21 和 X21.1

X21 和 X21.1 插头配置如图 2-21 所示。

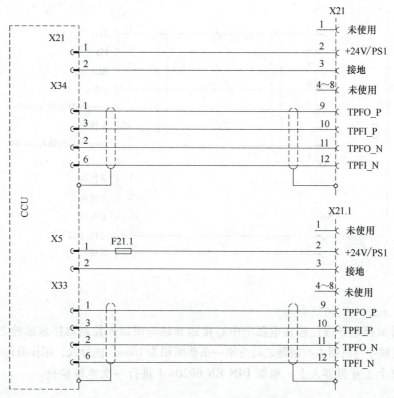

图 2-21　X21 和 X21.1 插头配置

2. 固定库卡 smartPAD 支架

smartPAD 支架如图 2-22 所示。

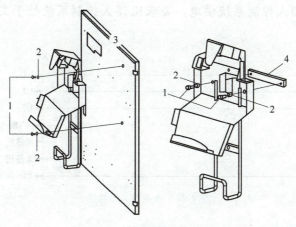

图 2-22　smartPAD 支架

1—内六角螺栓 M6×12　2—弹性垫圈 A6.1 和 U 形垫圈
3—机器人控制系统门　4—安装围栏的扁钢

3. 插入数据线 X19

X19 插头配置如图 2-23 所示。

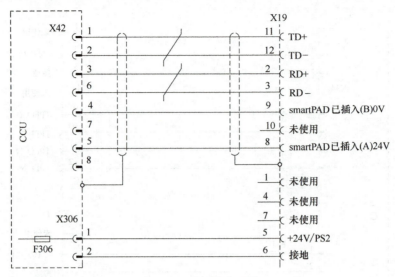

图 2-23　X19 插头配置

4. 连接接地电位均衡导线

1）将附加接地导线连接在电源柜中心接地导轨与机器人控制器接地螺栓之间。

2）在机械手与机器人控制器之间连接一条截面积为 $16mm^2$ 的导线，用作电位均衡导线。

3）在整个工业机器人上，根据 DIN EN 60204-1 进行一次地线检查。

5. 将机器人控制系统连接到电源上

用 Harting 插头 X1 将机器人控制系统与电源相连接，如图 2-24 所示。注意：如果机器人控制系统由一个不具有星形汇接点的电源提供动力，则可能会导机器人控制系统功能故障，并造成电源部件的损坏，还可能造成人身伤害。因此，只允许使用配设接地星形汇接点的电源向机器人控制系统供电。要求机器人控制系统处于关闭状态，电源线已断开。

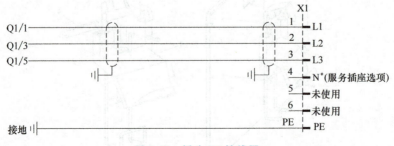

图 2-24　插头 X1 接线图

6. 蓄电池放电保护

为避免在首次投入运行前将蓄电池放电，在机器人控制系统供货时已拔出了 CCU 上的插头 X305，在接通前将插头 X305 插到 CCU 上即可。

7. 将安全接口 X11 信号并插入

根据图 2-25 所示将设备及安全防护插头 X11 连接。

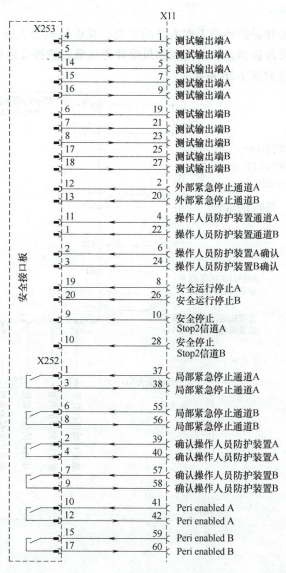

图 2-25 安全防护插头 X11

8. 接通机器人控制器

机器人控制系统的门已关闭，所有电气连接安装正确，且供电电源也在规定界限之内，不允许有人员或物品留在机械手的危险范围内，所有安全防护装置及防护措施均完整且有效。操作步骤如下：

1）接通机器人控制器电源。
2）解除库卡 smartPAD 上紧急停止按钮装置的锁定。
3）接通主电源开关，控制器 PC 开始启动操作系统机控制软件。

2.1.5 工业机器人外围设备的连接

一、防护门的电气连接

为了减小已知危险并保护各类工作人员的安全,在设计机器人系统时,应根据机器人系统的作业任务及各阶段操作过程的需要和风险评价结果,选择合适的安全防护装置。

防护门的电气连接如图 2-26 所示。

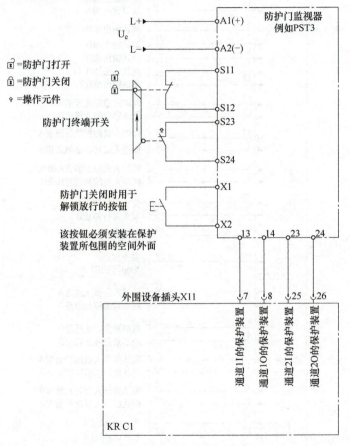

图 2-26 防护门的电气连接

二、静电保护的连接

静电保护的连接如图 2-27 所示。

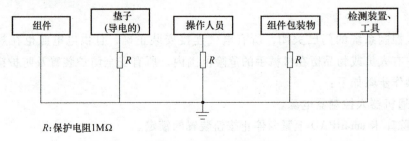

图 2-27 静电保护的连接

三、主开关处的电源连接

电源供电通过控制柜上面的电缆锁紧接头实现,将电源连接电缆连接至主开关,如图 2-28 所示。

四、机器人控制系统与电源的连接

接口配置如图 2-29 所示。

具体操作步骤如下:

1)打开门锁,将主开关旋柄置于"复位"档,打开门,如图 2-30 所示。

2)拆下并取下主开关的盖子,松开并取下旋转驱动装置的固定件,松开并取下辅助开关盖子的固定件,从后面解锁并取下电缆接口的盖子。

3)将电源连接电缆穿入螺纹管接头 M32 并接至主开关,拧紧固线器。

图 2-28 主开关电源接口

1—电缆导入口 2—PE 接口 3—主开关电源连接点

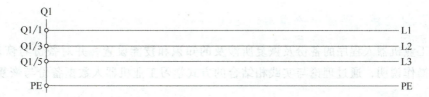

图 2-29 接口配置

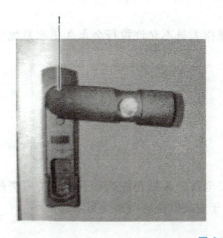 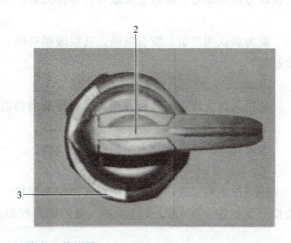

图 2-30 门锁主开关位置

1—门锁 2—主开关旋柄 3—主开关复位位置

4)将三相电缆连接至主开关接线柱,将接地线连接至接地螺栓,如图 2-31 所示。

5)固定主开关的所有盖子。

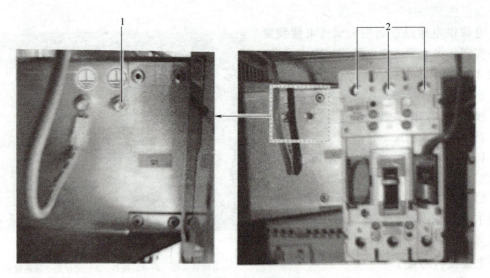

图 2-31 主开关接口
1—接地螺栓 2—主开关接线位置

2.1.6 工业机器人控制系统备份

围绕工业机器人程序的备份及恢复所涉及的知识和技能设置,并对备份与恢复过程给出讲解及操作说明,通过理论与实践相结合的方式学习工业机器人数据备份与恢复。

一、权限登录

操作权限等级划分为操作人员、应用人员、专家、安全维护人员、安全调试员和管理员权限等级的账号,默认登录账号为操作人员。不同权限可以操作内容如下:

1. 操作人员

此为默认用户组,没有密码。其权限很有限,操作人员不允许执行会永久更改系统的功能。

2. 应用人员

应用人员允许执行机器人正常运行所需的功能。

3. 专家

专家允许执行专业技术知识所需的功能。

4. 安全维护人员

该用户组可以激活和配置机器人的安全配置。安全维护人员允许执行系统维护所需的功能(包括安全技术)。安全维护人员的用户权限由于安装安全选项而受到限制。

5. 安全调试员

安全调试员允许执行系统调试所需的功能(包括安全技术)。

6. 管理员

管理员允许执行所有功能(包括安全技术)。默认密码为"kuka"。如果在一段固定的时间内未在操作界面进行任何操作,则机器人控制系统将出于安全原因切换至默认用户

300 组。此时间段默认设置为秒。

二、登录权限步骤

1）在主菜单中选择"配置"→"用户组",如图 2-32 所示。

2）在窗口中选择所需登录的用户组,以专家为例,然后输入密码,如图 2-33 所示。

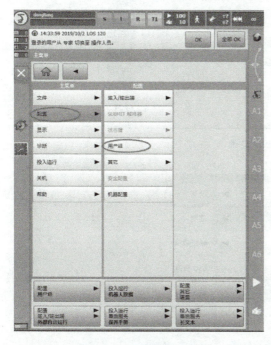

图 2-32 "用户组"选择

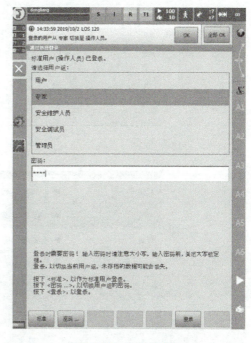

图 2-33 专家用户组

3）单击"登录"按钮,登录成功。账号已由操作人员切换为专家,如图 2-34 所示。

三、工业机器人程序及数据的备份

设备在运行过程中,若出现问题可通过系统备份来恢复,所以应掌握工业机器人如何进行系统备份。具体操作步骤如下：

1）将 U 盘插入示教器或者控制柜上,然后在主菜单中选择"文件"→"存档"→"USB（KCP）"或"USB（控制柜）",如图 2-35 所示。

2）选择"所有",在弹出的对话框中选择"是",如图 2-36 所示。

各选项说明如下：

① 所有：将还原当前系统所需的数据存档。

② 应用：所有用户自定义的 KRL 模块（程序）和相应的系统文件均被存档。

③ 系统数据：将机器人数据存档。

④ Log 数据：将日志文件存档。

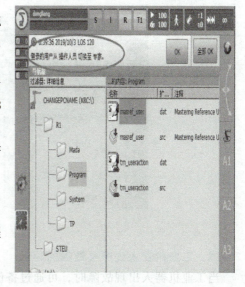

图 2-34 登录成功

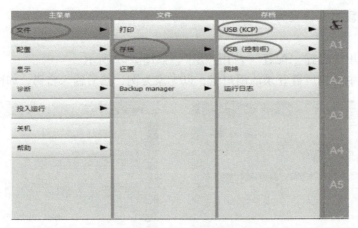

图 2-35 USB 选择

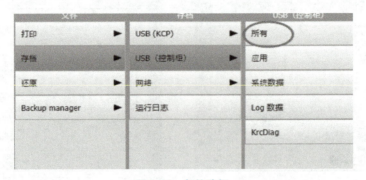

图 2-36 备份选择

⑤ KrcDiag：将数据存档，以便提供给 KUKA 进行数据分析。

3）等待备份完成即可，如图 2-37 所示。

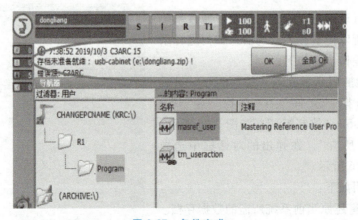

图 2-37 备份完成

四、工业机器人程序及数据的导入

当工业机器人出现故障时，可通过备份系统快速地进行系统恢复，具体操作步骤如下：

1）将 U 盘插在控制柜或示教器上，登录专家。在左侧导航器窗口选中 U 盘，如

图2-38所示。

2）在右侧导航器窗口选中要复制的程序，然后单击"编辑"按钮，如图2-39所示。

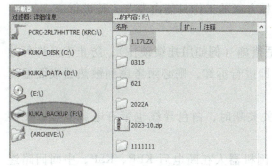

图2-38 选中U盘

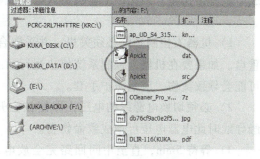

图2-39 选中要复制的程序

3）在弹出的"导航器"窗口选择"复制"，如图2-40所示。

4）选择导入的目标文件夹，并单击"编辑"按钮，在弹出的"导航器"窗口选择"添加"，如图2-41所示。

5）程序即被复制到机器人控制柜中，如图2-42所示。

2.1.7 工业机器人控制柜的安全防护

一、控制柜的安全

在机器人系统的导电部件上进行作业前，必须关闭主开关并采取必要措施以防主开关重新接通。接下来，还要确保其无电压。在导电

图2-40 选择"复制"

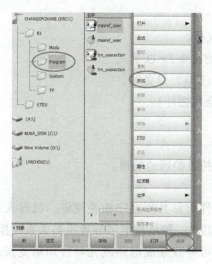

图2-41 选择"添加"

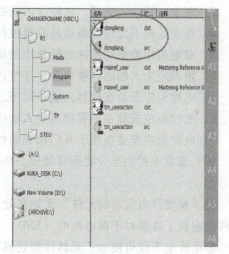

图2-42 导入完成

69

部件上作业前不允许只触发紧急停止、安全停止或关断驱动装置，因为在这种情况下新一代的驱动系统并不会关断机器人系统的电源。有些部件仍带电，由此会造成触电死亡或造成严重身体伤害。因此，工业机器人电气或机械方面的工作只能由专业人员进行。

1. 操作工业机器人时应采取的安全措施

1）机器人控制系统必须关机，并采取合适措施（例如用挂锁锁住），防止未经许可的重启。如果要在机器人控制系统停止运行后立即进行拆卸，则必须考虑到散热器表面温度可能会导致烫伤，应戴防护手套。

2）必须切换电源线的电压，即使在主开关关断时，白色导线也带有电源电压，在接触导线时此电源电压可造成致命伤害。

3）等待5min，直至中间回路完全放电。因机器人在断电后KPP、KSP、中间回路连接电缆等部件仍可能在长达5min的时间内带电（50~780V），此电压可能导致生命危险。

4）如果必须在机器人控制系统启动状态下开展作业，则只允许在运行方式T1下进行。

5）在设备上悬挂标牌用以表示正在执行的作业。暂时停止作业时也应将此标牌留在原位。

6）紧急停止装置必须处于激活状态。若因保养或维修工作需将安全功能或防护装置暂时关闭，在此之后必须立即重启。

7）对于已损坏的零部件，必须采用具有同一部件编号的备件来更换，或者采用经库卡机器人有限公司认可的同质外厂备件来替代。

8）严格按照操作指南进行清洁养护工作。

9）在拆卸片状零部件时需穿戴劳保手套，以防手指被锐边刮伤。

2. 控制柜安装场所和环境必须符合的条件

1）操作期间其环境温度应为0~45℃，搬运及维修期间应为-10~60℃。

2）湿度必须低于结露点（相对湿度在10%以下）。

3）灰尘、粉尘、油烟、水较少的场所。

4）作业区内不允许有易燃品及腐蚀性液体和气体。

5）对电控柜的振动或冲击能量小的场所（振动在0.5g以下）。

6）附近应无大的电器噪声源，如气体保护焊（TIG）设备等。

7）电控柜应安装在机器人动作范围之外（安全栏之外）。

8）电控柜应安装在能看清机器人动作的位置。

9）电控柜应安装在便于开门检查的位置。

10）安装电控柜至少要距离墙壁500mm，以保持维护通道畅通。

二、EGB（易受静电危害的元件）规定

对于易受静电危害的元件，无论在处理任何组件时都必须遵守相关规定。机器人系统组件内嵌装了许多对于静电放电（ESD）敏感的元器件，静电放电可导致机器人系统损坏。

静电放电不仅可使电子元器件彻底损坏，而且可导致集成电路或元器件局部受损，进而缩短设备使用周期或者干扰其他无损元器件的正常运作。EGB图标如图2-43所示。

1. 静电荷与电子元器件损坏之间的关系

人体静电荷与电子元器件损坏之间的关系如图 2-44 所示。

图 2-43　EGB 图标

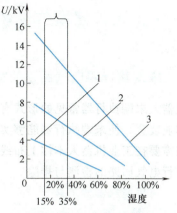

图 2-44　人体静电荷与电子元器件损坏之间的关系
1—化纤　2—棉花　3—抗静电

工业机器人控制器内部元器件静电电压对应关系见表 2-5。

表 2-5　工业机器人控制器内部元器件静电电压对应关系

元器件	静电电压/V
EPROM	100
MOSFET	100~200
OP 放大器	100~2500
JFET	140~7000
CMOS	250~3000
肖特基二极管	300~2500
电路厚层和薄层	300~3000
双极晶体管	300~7000
肖特基 TTL	1000~2500

2. 对 EGB 的处置方法

必须采用 EGB 板卡进行处置，具体操作步骤如下：

1）只有在操作人员穿着 EGB 防护鞋或配有 EGB 接地防护条，或者操作人员佩戴一条 EGB 腕带通过 1MΩ 的安全电阻而接地时，才允许解开电子元器件的包装和与其接触。

2）在接触电子板卡之前，操作人员必须通过触碰可导电且已接地的物体来泄放自己身体上的静电。

3）电子板卡不许带入数据浏览器、监视器和电视机的附近位置。

4）只有在测量仪已具备接地条件（例如借助接地导线），或者当无电位式测量仪的测头在开始测量之前已经短暂放电（例如基础控制系统机壳的金属光面）的条件下，才允许对电子板卡进行测量。

71

5）只在必要时才解开电子元器件的包装和与其接触。

受损件的处置方法：在处置已受损的零部件时，必须同时遵守静电放电准则。

2.2 末端执行器电气系统检查与诊断

2.2.1 末端执行器电气回路的检测

机器人末端执行器常见的形式有夹钳式、夹板式和抓取式，每种末端执行器都有其配套的作业装置，使末端执行器能够实现相应的作业功能。如果末端执行器使用的是电气控制，则需要在工业机器人本体上布线，当机器人末端执行器出现故障时，需要运用一定的方法进行电气回路的检测与排除。

一、常用电气测量工具

1. 低压验电器

使用低压验电器时，必须按图 2-45b 所示的正确方法握持，以食指触及尾端的金属体，使氖管小窗背光朝自己。

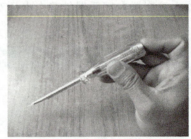

a) 错误握法   b) 正确握法

图 2-45　低压验电器的使用方法

当用验电器检测带电体时，电流经带电体、验电器、人体、地形成回路，只要带电体与大地之间的电位差超过 60V，验电器中的氖泡就发光。低压验电器测试范围为 60~500V。

数显式低压验电器的使用如图 2-46 所示，通过显示窗可以读出被测电压的具体数值。

2. 万用表

万用表根据其结构和用途分为模拟式万用表和数字式万用表两大类。模拟式万用表如图 2-47 所示。数字式万用表如图 2-48 所示。万用表可用于测量直流电压、交流电压、直流电流、交流电流、电阻以及判断二极管、晶体管的极性。

图 2-46　数显式低压验电器的使用

3. 兆欧表

兆欧表是电工常用的一种测量仪表，主要用来检查电气设备、家用电器或电气线路对地及相间的绝缘电阻，以保证这些设备、电器和线路工作在正常状态，避免发生触电伤亡及设备损坏等事故。兆欧表如图 2-49 所示。

a) MF47型万用表　　　b) 500型万用表

图2-47　模拟式万用表　　　　　　图2-48　数字式万用表

a) 手摇式兆欧表　　　　　　b) 数字式兆欧表

图2-49　兆欧表

规定兆欧表的电压等级应高于被测物的绝缘电压等级。所以，测量额定电压在500V以下的设备或线路的绝缘电阻时，可选用500V或1000V兆欧表；测量额定电压在500V以上的设备或线路的绝缘电阻时，应选用1000～2500V兆欧表；测量绝缘子时，应选用2500～5000V兆欧表。一般情况下，测量低压电气设备绝缘电阻时，可选用0～200MΩ量程的兆欧表。

二、电气回路的检测

机电设备的可靠运行离不开电气回路的安全，只有确保电气回路的安全稳定运行，才能为机电设备的安全运行提供保障。但受电气回路自身的特点与设计、运行等因素的影响，电气回路运行一段时间后可能会出现故障，当出现故障时一般按照以下步骤进行检查：

1. 熟悉相关设备电气回路系统图

电气回路系统图包括电气原理图、各电器元件位置图、安装接线图及设备电器位置图等。

2. 详细了解电气回路故障产生的经过及故障现象

设备发生故障后，首先必须向操作者详细了解故障发生前设备的工作情况和故障现象，然后询问故障发生前设备有哪些征兆，这对排除故障是非常有益的。

3. 分析故障情况，确定故障的可能范围

通过了解故障经过以及故障现象，对照电气原理图进行故障分析，圈出可能故障范围。

4. 外观检查

故障的可能范围确定后，应对有关电器元件进行外观检查，检查方法一般有：闻、看、听、摸。

5. 试验设备的动作顺序和完成情况

若外观检查中没有发现故障点，或者对故障还需要进一步检查时，则可采用试验的方法对电气控制的动作顺序和完成情况进行检查。

采用试验方法进行检查时应注意以下几个问题：

1）短路故障不能试验。
2）试验时，应特别注意设备和人身安全，尽可能断开主回路，只在控制回路中进行。
3）试验时不能人为触动接触器等电器元件，以免故障扩大和造成设备损坏。
4）试验时，应先对故障可能部位的控制环节进行试验，这样可缩短维修时间。

6. 用仪表查找故障部位

通过试验检查，若发现某一个控制环节或某一个动作顺序出现问题，则可确定电气线路的某条支路可能有故障，这时候就需要借助仪表来检测，这也是排除故障的有效措施。

7. 总结经验、摸清故障规律

每次故障排除后，应将设备的故障检查、修复过程记录下来，掌握设备电气故障规律，摸清各台设备的电气故障规律，为以后设备故障排查及检修提供参考。

三、常用的检查方法

1. 电压测量法

（1）分阶测量方法　分阶测量方法作为一种实用性较强的短路检测方法，具有高效便捷的特点。这种检测方法主要是通过万用表的一个表笔和另一侧电气设备的连接，而另一个表笔分别和不同的点位进行连接，检测整个回路的电压变化情况。通过利用不同点位的万用表读数，判断电路的故障点。当两个表笔之间没有故障点时，万用表的读数和电源电压情况一致；当出现断电时，一侧的电压为零，这就说明电压在这一段距离出现断路故障，然后通过万用表在这两点之间逐步缩小范围，最终确定出现断路的确切位置。

（2）分段测量方法　分段测量方法的基本内容和分阶测量方法在原理方面一致。在分段测量方法的应用中，并不是对所有的起点设备进行检测，而是选择分段的方式逐段进行电压的检测工作。这种测量方式的优势在于，针对断路范围较大的线路具有较好的作用。因为通过分段测量方法，能够有效提升检测的效率，大大节约检测的时间。所以，分段测量方法一般适用于大型电气设备的断流检测工作之中。

（3）对地测量方法　对地测量方法适用于电气控制线路的零线直接接于机身的电路检查，根据电路中各点对地电压来判断故障点。

使用电压测量法的注意事项：电压测量法是带电操作，要切实注意安全，要胆大心细；用万用表的电压挡进行测量，其量程一定要大于被测电路的电压，否则会烧坏万用表；被测电路中断开的部分（如动合触头）要闭合；万用表的表笔绝缘良好。

2. 短接技术

所谓短接技术，就是用一根绝缘良好的导线将认为最可能出现断路的部位进行短接，当短接到某处时，如果出现电路是接通的，则说明故障就在导线连接的两点之间。

（1）局部短接法　确保电压与电气设备的正常工作电压相等，然后逐段短接相邻两标号，当短接到某两点时电路接通，说明这两点间存在断路故障。

（2）分段短接法　使电气线路中的一段短接线固定，另一段进行定段移动，从而提高检测效率。

使用短接技术进行机电设备电气断路检测时，必须要注意此方法的适用范围，包括检测设备中导线断路、触头接触不良等的断路故障，而不能用于检测电气设备中的电阻、线圈等负载的断路故障，此外，对于主回路的故障检测最好不使用这种方法，以免容易造成安全事故。

3. 电阻测量法

电阻测量法应注意断开电源，根据线路中的负载大小，合理选择挡位，利用分阶法或者分段法进行测量。与电压测量法唯一的区别是，一个测量的是电压，一个测量的是线路中的电阻。

2.2.2　末端执行器上传感器的检测

随着机器人变得越来越自主，传感器融合变得越来越重要。传感器融合合并来自机器人内外多个传感器的数据，以减少机器人导航或执行特定任务时的不确定性。它为自主机器人带来了多重好处：提高了传感器输入的准确性、可靠性和容错性；扩展传感器系统的空间和时间覆盖范围；提高分辨率并更好地识别周围环境，尤其是在动态环境中；传感器融合可以通过使用负责数据预处理的算法来降低机器人的成本和复杂性，并允许在不改变基本机器人应用软件或硬件复杂性的情况下使用各种传感器。

一、传感器的定义

传感器有时也称为换能器、转换器或探测器，是把被测物理量或化学量转换成与之有确定对应关系的有用输出信号（一般为变量）的装置。传感器输出的信号有多种形式，如电压、电流、频率、脉冲等，以满足信息的传输、处理、记录、显示和控制等要求。

二、传感器的组成

通常，传感器由敏感元件和转换元件组成，其组成框图如图2-50所示。其中，敏感元件是指传感器中能直接感受或响应被测量的部分；转换元件是指传感器中能将敏感元件感受或响应的被测量转换成适于传输或测量的电信号部分。由于传感器的输出信号一般都很微弱，需要有信号调理与转换电路，进行放大运算调制等，此外信号调节电路及传感器的工作必须有辅助的电源，因此信号调理转换以及所需的电源都应作为传感器组成的一部

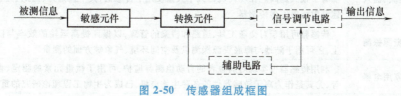

图2-50　传感器组成框图

分。随着半导体器件与集成技术在传感器中的应用,传感器的信号调理转换电路与敏感元件一起集成在同一芯片上,装在传感器的壳体里。

三、传感器的分类

传感器的原理各种各样,其种类繁多。传感器的分类方法见表2-6。

表2-6 传感器的分类方法

分类	测定量
机械	长度、厚度、位移、液面、速度、加速度、旋转角、旋转数、质量、重量、力、压力、真空度、力矩、旋转力、风速、流速、流量、振动
音响	声压、噪声
频率	频率、时间
电气	电流、电压、电位、功率、电荷、阻抗、电阻、电容、电感、电磁波
磁性	磁通、磁场
温度	温度、热量、比热
光	照度、光度、彩色、紫外线、红外线、光位移
射线	辐照量、剂量
湿度	湿度、水分
化学	纯度、浓度、成分、pH值、黏度、密度、比重、气·液·固体分析
生理	心音、血压、血流、脉电波、血流冲击、血氧饱和度、血液气体分压、气液量、速度、体温、心理波、脑电波、肌肉电波、网膜电波、心磁波
信息	模拟、数字量、运算、传递、相关值

四、传感器的作用和发展方向

1. 传感器的作用

随着科学技术的发展,在信息系统中起到"感官"作用的传感器属于信息技术的前沿尖端产品,它是信息采集系统的首要部件,是实现现代化测量和自动控制(包括遥感、遥测、遥控)的主要环节。

传感器的主要用途见表2-7。

表2-7 传感器的主要用途

主要用途	详细说明
生产过程的测量与控制	在生产过程中,对温度、压力、流量、位移、液体和气体成分等参量进行检测,从而实现对工作状态的控制
安全报警与环境保护	利用传感器可对高温、放射性污染以及粉尘弥漫等恶劣工作条件下的过程参量进行远距离测量与控制,并可实现安全生产。在安全报警方面,可用于温控、防灾、防盗等方面的报警系统;在环境保护方面,可用于对大气与水质污染的监测、放射性和噪声的测量等
自动化设备和机器人	传感器可提供各种反馈信息,尤其是传感器与计算机的结合,使自动化设备的自动化程度有了很大提高。在现代机器人中大量使用了传感器,其中包括力、扭矩、位移、超声波、转速和射线等许多传感器
交通运输和资源探测	传感器可用于对交通工具、道路和桥梁的管理,以保证提高运输的效率与防止事故的发生,还可用于陆地与海底资源探测以及空间环境、气象等方面的测量
医疗卫生和家用电器	利用传感器可实现对病患者的自动检测与监护,可用于微量元素的测定、食品卫生检疫等,尤其是作为离子敏感器件的各种生物电极,已成为生物工程理论研究的重要测试装置

近年来，由于科学技术和经济的发展及生态平衡的需要，传感器的应用领域还在不断扩大。

2. 传感器的发展方向

（1）高精度　为了提高测控精度，必须使传感器的精度尽可能高，例如对于火箭发动机燃烧室的压力测量，希望测试精度能优于 0.1%，对超精加工"在线"检测精度高于 0.1μm，因此需要研制出高精度的传感器，以满足测量的需要。目前我国已研制出精度优于 0.05% 的传感器。

（2）小型化　很多测控场合要求传感器具有尽可能小的尺寸，例如生物医学工程颅压的测量，风洞中压力场分布的测量等。压阻传感器的出现，使压力传感器在小型化方面取得重大进展。目前我国已有外径为 2.78mm 的压阻式压力传感器。

（3）集成化　集成化传感器有两种类型：一种是将传感器与放大器、温度补偿电路等集成在同一芯片上，既减小了体积，又增加了抗干扰能力；另一种是将同一类的传感器集成在同一芯片上，构成二维陈列式传感器，又称为面型固态图像传感器，它可以测量物体的表面状况。

（4）数字化　为了使传感器与计算机直接联机，致力于数字式传感器研究是很重要的。

（5）智能化　智能化传感器是传感器与微型计算机相结合的产物，它兼有检测与信息处理功能。与传统传感器相比，智能化传感器有很多优点，它的出现是传感器技术发展中的一次飞跃。

五、工业机器人常用传感器与检查

1. 接近开关

不需要与检测物质接触，但是检测物质的材质需要是金属。因为不需要与检测物质接触，所以它的特点是工作可靠、寿命长、功耗低、重复定位精度高、操作频率高以及适应恶劣的工作环境等。接近开关分为 PNP 和 NPN 两种，因此在选择传感器时需要确认与 PLC 的接法。接近开关如图 2-51 所示。

选择接近开关时，主要考虑动作距离和重复精度两个因素。

2. 光电开关

（1）光电开关介绍　限位开关、接近开关和光电开关是三种原理不同的传感器，但作用一样，都用于检测位置。它是利用被检测物对光束的遮挡或反射，由同步回路接通电路，从而检测物体的有无。物体不限于金属，所有能反射光线（或者对光线有遮挡作用）的物体均可以被检测。光电开关有漫反射型和对射型等，漫反射型只需要一个传感器即可完成发射和接收，而对射型需要两个传感器，一个发射、一个接收。光电开关如图 2-52 所示。

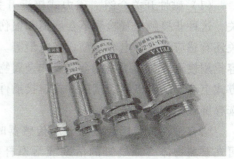

图 2-51　接近开关

选择光电开关时，主要考虑类型（对射型或漫反射型）、距离和精度等因素。

（2）光电开关的电气与机械安装　在传感器布线过程中要注意避免电磁干扰，不要被阳光或其他光源直接照射，不要在产生腐蚀性气体、接触有机溶剂、灰尘较大的场所使用。

（3）光电开关的安装、调整与调试　光电开关具有检测距离长、对检测物体的限制小、响应速度快、分辨率高、便于调整等优点。但在光电开关的安装过程中，必须保证传感器到被检测物的距离在"检出距离"范围内，同时考虑被检测物的形状、大小、表面粗糙度及移动速度等因素。若光电开关调整位置不到位，则其对工件反应不敏感，动作灯不亮；当光电开关位置调整合适时，则光电开关对工件反应敏感，动作灯亮而且稳定灯亮；当没有工件靠近光电开关时，光电开关没有输出。

图 2-52　光电开关

各传感器的电气接线如图 2-53 所示。

（4）光电开关的接线　光电开关的输出分为 NPN 型和 PNP 型，NPN 型输出低电平信号，PNP 型输出高电平信号。除此之外，光电开关也有干接点的（类同于硬接点），即可以接任意一种 PLC。

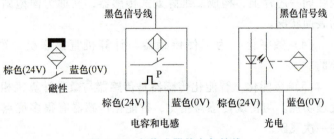

图 2-53　各传感器的电气接线

3. 磁性开关

（1）磁性开关介绍　磁力式接近开关（简称磁性开关）是一种非接触式位置检测开关，这种非接触位置检测不会磨损和损伤检测对象，响应速度快。生产线上常用的接近开关还有感应型、静电容量型、光电型等。感应型接近开关用于检测金属物体的存在，静电容量型接近开关用于检测金属及非金属物体的存在，磁性开关用于检测磁石的存在。安装方式上有导线引出型、接插件式、接插件中继型。根据安装场所环境的要求，接近开关可选择屏蔽式和非屏蔽式。

当有磁性物质接近磁性开关传感器时，传感器动作并输出开关信号。在实际应用中，可在被测物体（如气缸的活塞或活塞杆）上安装磁性物质，在气缸缸筒外面的两端各安装一个磁性开关，即可用这两个传感器分别标识气缸运动的两个极限位置。磁性开关内部电路如图 2-54 所示。

（2）磁性开关的安装　在电气系统中，可以利用磁性开关信号判断气缸伸出（缩回）状态。磁性开关的安装方法如图 2-55 所示。

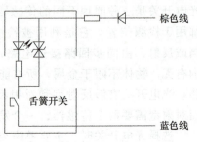

图 2-54　磁性开关内部电路

（3）电气接线与检查　重点考虑传感器的尺寸、

位置、安装方式、布线工艺、电缆长度以及周围工作环境等因素对传感器工作的影响。

在磁性开关上设置有LED，用于显示传感器的信号状态，供调试与运行监视时观察。当磁铁靠近时磁性开关时将接通输出信号，LED灯亮。当磁铁远离时磁性开关断开，LED灯灭，输出信号中断。

（4）磁性开关的调整　磁性开关与磁铁配合使用时，如果安装不合理，可能使

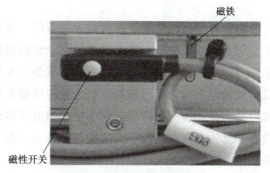

图 2-55　磁性开关的安装方法

得磁性开关动作不正确。安装时，磁性开关和磁铁的垂直距离应不大于5mm。

六、常见传感器检测

1. 位置传感器

在维修调试工业机器人及工作站的过程中，位置传感器是最常见的传感器。常见的位置传感器一般有光电传感器、激光传感器和编码器等，它们可以反馈各运动部件的位置。位置传感器一般将各运动部件的各机构状态反馈给工业机器人工作站，如气缸伸出到位、工件检测到位或工业机器人关节轴运动位置。

（1）位置传感器产生故障的原因

1）传感器电源不正常。找到出现问题的位置传感器后，检查位置传感器的电源是否正常，使用数字式万用表测量位置传感器两端的电源和电压并判断是否正常，如果出现供电不正常的问题，应查找工业机器人电路的接线是否正常。

2）传感器损坏。在测试位置传感器供电正常后，应该测试位置传感器是否有输出，根据位置传感器的种类选择合适的测试工具。例如，金属传感器需要使用金属材料靠近该传感器，再使用数字式万用表测量输出端是否能够正常输出。如果在位置传感器供电都正常的情况下仍然没有正常的输出，则可以判断该传感器已损坏，需要更换。

3）传感器接线错误。在保证位置传感器供电正常并且测试输出也正常的情况下，工业机器人仍然不能正常运行，则需要检查一下位置传感器输出线与控制器之间的线路是否正常，检测当位置传感器检测到物体时控制器是否有信号输入。

（2）位置传感器故障诊断与处理　位置传感器故障诊断与处理步骤见表2-8。

表 2-8　位置传感器故障诊断与处理步骤

序号	具体步骤
1	断开工业机器人工作站电源
2	打开控制柜的柜门，用干净的擦机布将工业机器人控制柜上的灰尘清理干净
3	根据工业机器人的停止位置判断单元位置，根据电气原理图查找单元模块上位置传感器的I/O接口信号是否存在短路、断路现象
4	检查单元模块上的位置传感器是否有损坏，确认电源的电缆是否损坏
5	确认位置传感器电源和电压是否正常
6	确认执行机构是否运动到位
7	故障处理，关闭控制柜的柜门，上电重启，完成故障诊断与处理

2. 力觉传感器

力觉传感器经常安装在机器人关节处，通过检测弹性体的变形来间接测量所受力。对于安装在机器人关节处的力觉传感器，常以固定三坐标的形式出现，这样有利于满足控制系统的要求。目前出现的六维力觉传感器可实现多维度力信息的测量，因其主要安装于腕关节处被称为腕力觉传感器。腕力觉传感器大部分采用应变电测原理，按其弹性体结构型式可分为筒式腕力觉传感器和十字形腕力觉传感器两种。其中筒式腕力觉传感器具有结构简单、弹性梁利用率高、灵敏度高的特点；而十字形腕力觉传感器结构简单、坐标建立容易，但加工精度要求较高。

（1）力觉传感器常见问题

1）无数据。力觉传感器的变送器通信故障，应设置正确的变送器通信地址，并检查变送器接线。

2）力觉传感器数值变化过大。力觉传感器属于精密传感器，外界干扰会对力觉传感器造成较大的干扰，可采用屏蔽的方式避免外界干扰。

3）力觉传感器力测试方向与要求不匹配。

4）力觉传感器与工业机器人法兰盘的安装位置定位不准确。

（2）力觉传感器故障诊断与排除　力觉传感器故障诊断与排除步骤见表2-9。

表2-9　力觉传感器故障诊断与排除步骤

序号	具体步骤
1	检查变送器接线，根据变送器接线图检测压力传感器与变送器的接线是否正确，连接是否牢固
2	连接完成后，检测力觉传感器是否有数据
3	检查变送器的通信参数设置是否正确，重新设置后，检测传感器是否有数据
4	检查力觉传感器的屏蔽层连接，然后测试力觉传感器的数据是否稳定
5	手动按压力觉传感器，查看力觉传感器的反馈值
6	手动操作工业机器人运行到零点位置，检查力觉传感器的安装位置是否在工业机器人六轴零点位置，若不在六轴零点位置，则调整安装位置到六轴零点位置
7	检查力觉传感器安装定位是否符合安装工艺的要求
8	重新标定力觉传感器数值，故障排除

2.2.3　末端执行器的报警日志

工业机器人在实际运行过程中会产生相应的日志文件与信息提示，可通过机器人示教器进行查看，从而了解工业机器人运行状态与故障提示。

一、读取并解释机器人控制系统的信息提示

信息窗口和信息提示计数器如图2-56所示。

控制器与操作人员之间的交互是通过信息窗口来实现的，其中有四种信息提示类型，见表2-10。

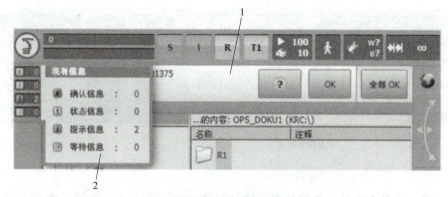

图 2-56 信息窗口和信息提示计数器

1—信息窗口：显示当前信息提示　2—信息提示计数器：每种提示类型的提示数

表 2-10　信息提示类型

图标	类型
![]	确认信息： 1) 用于显示需操作人员确认才能继续处理机器人程序的状态，如"确认紧急停止" 2) 确认信息始终引发机器人停止或抑制其启动
![]	状态信息： 1) 状态信息报告控制器的当前状态，如"紧急停止" 2) 只要这种状态存在，状态信息便无法被确认
![]	提示信息： 1) 提示信息提供有关正确操作机器人的信息，如"需要启动键" 2) 提示信息可被确认。只要它们不使控制器停止，就无需确认
![]	等待信息： 1) 等待信息说明控制器在等待哪一事件，如状态、信号或时间 2) 等待信息可通过按"模拟"键手动取消

信息会影响机器人的功能。为了使机器人运动，首先必须对信息予以确认。指令"OK"表示请求操作人员有意识地对信息进行分析。用"OK"键可对可确认的信息提示加以确认，用"全部 OK"键可一次性全部确认所有可以被确认的信息提示。

对信息处理的建议如下：

1) 要有意识地进行阅读。

2) 先阅读较老的信息，因为较新的信息可能是老信息产生的后果。

3) 切勿轻率地按下"全部 OK"键。

4) 尤其是在启动后要仔细查看信息。在此过程中让所有信息都显示出来。

二、信息提示的处理

信息提示中会始终包含日期和时间，以便为操作人员研究相关事件提供准确的时间，如图 2-57 所示。

观察和确认信息提示的具体操作步骤如下：

1) 触摸信息提示窗口以展开信息提示列表。

2) 确认。用"OK"键来对各条信息提示逐条进行确认，或者使用"全部 OK"键来对所有信息提示进行确认。

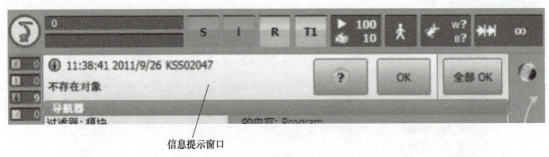

信息提示窗口

图 2-57 信息的确认

3）触摸一下最上边的一条信息提示或按屏幕左侧边缘上的""，将重新关闭信息提示列表。

三、通过运行日志了解程序和状态变更

用户在使用工业机器人时，会被 smartPAD 自动记录下来，指令运行日志用于显示使用记录，如图 2-58 所示。

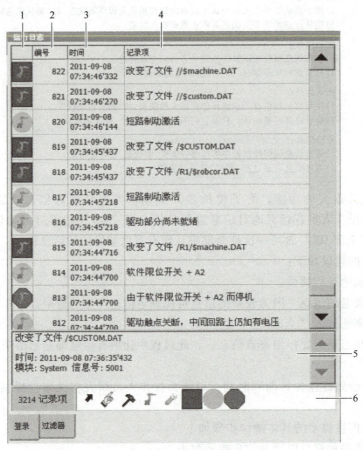

图 2-58 运行日志

1—日志事件的类型（各个筛选类型和筛选等级均列在选项卡筛选器中） 2—日志事件的编号
3—日志事件的日期和时间 4—日志事件的简要说明 5—所有日志事件的详细说明 6—显示有效的筛选器

运行日志可进行事件的筛选,从而规避在操作使用过程中不被关心的事件,如图 2-59 所示。

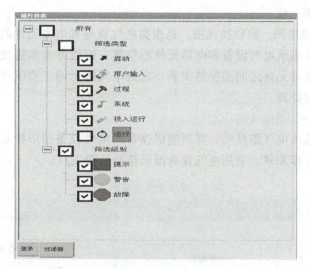

图 2-59 事件的筛选

使用运行日志功能在每个用户组中都可以查看和配置,如果要显示运行日志,则可通过在主菜单中选择"诊断"→"运行日志"→"显示"来实现。如果要配置运行日志,首先要在主菜单中选择"诊断"→"运行日志"→"配置",然后添加/删除筛选类型和筛选级别,最后按下"OK"键即可。

2.3 周边设备电气系统检查与诊断

2.3.1 周边设备电气原理图的识读

一、电气控制线路图的分类

电气控制线路是用导线将电动机、电器、仪表等元器件按一定的要求连接起来,并实现某种特定控制要求的电路。

为了表达生产机械电气控制系统的结构、原理等设计意图,便于电气系统的安装、调试、使用和维修,将电气控制系统各电器元件及其连接线路用一定的图形表达出来,这就是电气控制系统图。

电气控制系统图包括电气原理图、电器元件布置图和电气安装接线图。

(1)电气原理图 简称电路图,是根据生产机械运动形式对电气控制系统的要求,采用国家统一规定的电气图形符号和文字符号,按照电气设备和电器的工作顺序排列,详细表示控制装置的全部基本组成和连接关系的一种简图,它不涉及电器元件的结构尺寸、材料选用、安装位置和实际配线方法。电路图能充分表达电气设备和电器的用途、作用和工作原理,是电气线路安装、调试和维修的理论依据。

(2)电器元件布置图 简称布置图,是根据电器元件在控制板上的实际安装位置,采用简化的外形符号绘制的一种简图。布置图不表达各电器的具体结构、作用、接线情况以及工作原理，主要用于电器元件的布置和安装。布置图中各电器的文字符号，必须与电路图和接线图的标注相一致。

（3）电气安装接线图　简称接线图，是根据电气设备和电器元件的实际位置和安装情况绘制的，它只用来表示电气设备和电器元件的位置、配线方式和接线方式，而不明显表示电气动作原理和电器元件之间的控制关系。它是电气施工的主要图样，主要用于安装接线、线路检查和故障处理。

二、常用电气设备图形符号

在识读工业机器人电气图样前，要正确识读常用电气设备图形符号，以便更好地理解及掌握机器人电气工作原理。常用电气设备图形符号见表2-11。

表2-11　常用电气设备图形符号

名称	符号	名称	符号	名称	符号
三相笼型异步电动机	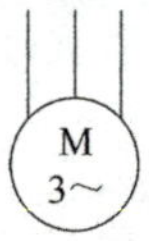	熔断器	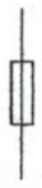	行程开关 动合触点	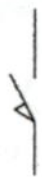
刀开关	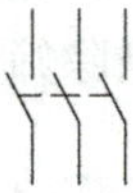	热继电器 发热元件	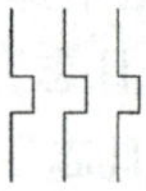	行程开关 动断触点	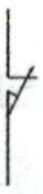
断路器	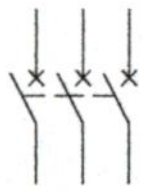	热继电器 动断触点	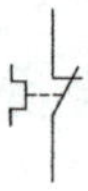	时间继电器 线圈	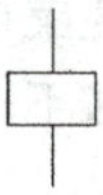
按钮 动合	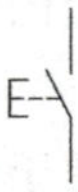	交流接触器 线圈	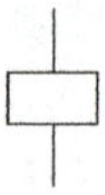	时间继电器 瞬时动作动合触点	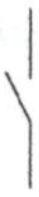
按钮 动断	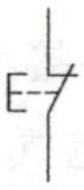	交流接触器 动合主触点	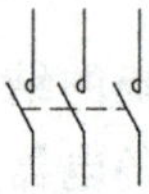	时间继电器 瞬时动作动断触点	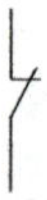
按钮 复合	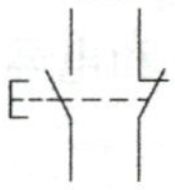	交流接触器 动合辅助触点	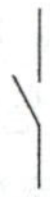	时间继电器 延时闭合动合触点	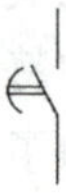
		交流接触器 动断辅助触点	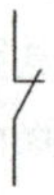	时间继电器 延时闭合动断触点	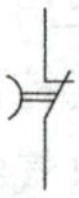
				时间继电器 延时断开动合触点	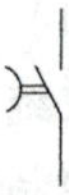
				时间继电器 延时断开动断触点	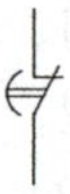

三、电气布局图识读

电气布局图主要用来表明各种电气设备在机械设备上和电气控制柜中的实际安装位置,为设备的制造、安装、维护、维修提供必要的资料。电气布局图应遵循以下原则:

1)必须遵循相关国家标准设计和绘制电器元件布置图。

2)布置相同类型的电器元件时,应把体积较大和较重的安装在控制柜或面板的下方。

3)对于发热的元器件,应安装在控制柜或面板的上方或后方,但热继电器一般安装在接触器的下面,以方便与电动机和接触器的连接。

4)对于需要经常维护、整定和检修的电器元件、操作开关、监视仪器仪表,其安装位置应高低适宜,以便于工作人员操作。

5)强电、弱电应该分开走线,注意屏蔽层的连接,防止干扰的窜入。

6)电器元件的布置应考虑安装间隙,并尽可能做到整齐、美观。

四、电气系统的组成

电气系统是指由低压供电组合部件构成的系统,也称为"低压配电系统"或"低压配电线路"。图 2-60 所示为某工作站的电气安装布局图,从图中可分析出,电气系统的构成及电器元件的实际位置。

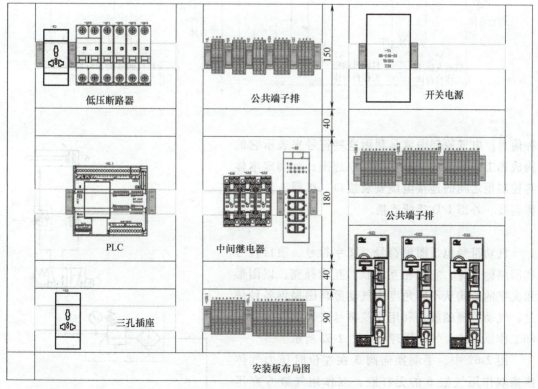

图 2-60 某工作站的电气安装布局图

五、电气原理图识读

某工作站电气原理图如图 2-61 所示。电气符号包括图形符号、文字符号、项目代号和回路标号等,它们相互关联、互为补充,以图形和文字的形式从不同角度为电气图提供各

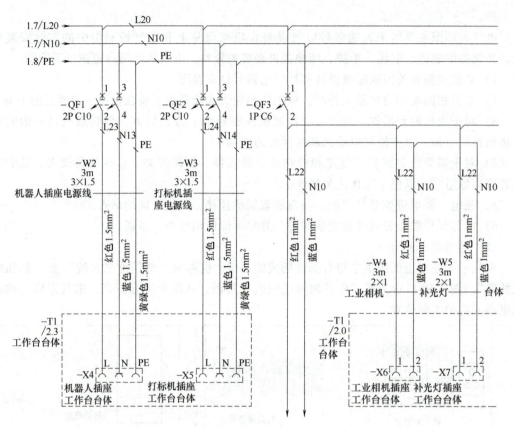

图 2-61 某工作站电气原理图

种信息。电气原理图就是利用这些符号来表示它的构成和工作原理的。根据电气原理图，可确定本体与控制柜之间的连接电缆安装接口、机器人供电电源连接、外部 I/O 接线连接。

六、气动原理图识读

气动符号包括图形符号、文字符号、项目代号和回路标号等，它们相互关联、互为补充，以图形和文字的形式从不同角度为气动原理图提供各种信息。气动原理图就是利用这些符号来表示它的构成和工作原理的。气动原理图如图 2-62 所示。

图 2-62 中，手动换向阀 3 在左位时压力气体接通双作用气缸 6 的无杆腔，双作用气缸 6 在压力气体作用下伸出。当按下手动换向阀 3 后，气阀换向，压力气体经过手动换向阀 3 驱动双作用气缸 6 缩回。通过调速接头 4、5 可调节气缸伸出和缩回的速度。

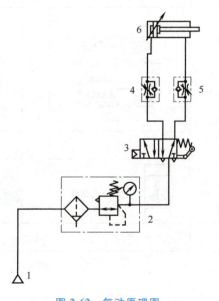

图 2-62 气动原理图
1—气源 2—二联体 3—手动换向阀
4、5—调速接头 6—双作用气缸

2.3.2 周边设备电气的连接与工艺

机器人与周边设备之间通过动力电缆、信号电缆和接地端子等进行连接。各种电气连接都应符合相关工艺规范。线缆的连接作业，务必切断控制装置的电源。

请勿将机器人连接电缆的多余部分（10m 以上）卷绕成线圈状使用。在这样的状态下使用时，有可能会在执行某些机器人动作时导致电缆温度大幅度上升，从而对电缆的包覆造成不良影响。

一、常用电气安装工具

1. 剥线钳

剥线钳是电工、电动机修理工、仪器仪表电工常用的工具之一，用来剥除电线头部的表面绝缘层。剥线钳可以使得电线被切断的绝缘皮与电线分开，还可以防止触电，如图 2-63 所示。

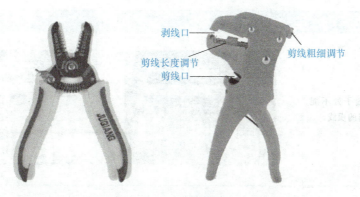

图 2-63 剥线钳

2. 压线钳

压线钳是用来压制绝缘端子的，会将导线与绝缘端子的连接部分压装成为方形柱状，并且表面会形成凹凸槽，防止松动。在兼顾美观的情况下，还可以确保导线与元件的可靠连接。

压线钳大致可以分为两种类型，一种是手压钳，一种是液压钳。手压钳适用于直径为 35mm 以下的导线；液压钳主要依靠液压传动机构产生压力，达到压接导线的目的，适用于压接直径为 35mm 以上的多股铝、铜芯导线。压线钳如图 2-64 所示。

二、电气连接工艺

1. 电气配线原则

低压电器的配线原则是：手工布线时，应符合平直、整齐、紧贴敷设面、走线合理及接点不得松动、便于检修等要求。

1）走线通道应尽可能少，同一通道中的沉底导线，按主、控电路分类集中，单层平行密排或成束，应紧贴敷设面。

图 2-64 压线钳

2）同一平面的导线应高低一致或前后一致，不能交叉。当导线必须交叉时，可水平架空跨越，但必须走线合理。

3）布线应横平竖直，变换走向时应垂直。

4）上下触点若不在同一垂直线下，不应采用斜线连接。

5）导线与接线端子连接时，应不压绝缘层、不反圈及露铜不大于1mm，并做到同一元件、同一回路的不同接点的导线间距离保持一致。

6）一个接线端子上的连接导线不得超过两根。

7）布线时，严禁损伤线芯和导线绝缘。

8）导线截面不同时，应将截面大的放在下层，截面小的放在上层。

9）如果线路简单可不套编码套管。

2. 电气连接工艺（见表2-12）

表2-12　电气连接工艺

序号	描述	合格	不合格
1	冷压端子处不能看到外露的裸线	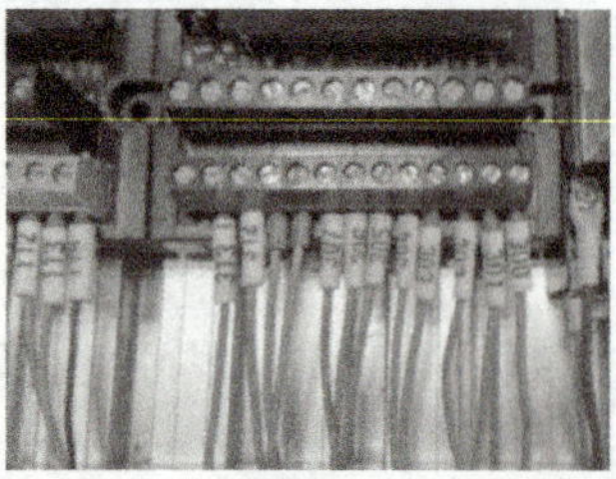	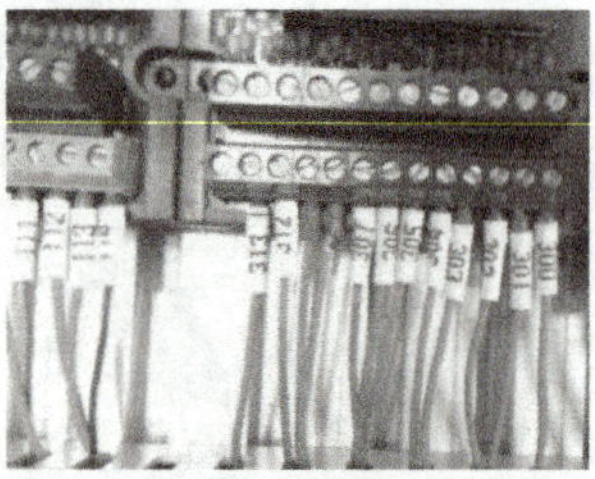
2	将冷压端子插到终端模块中		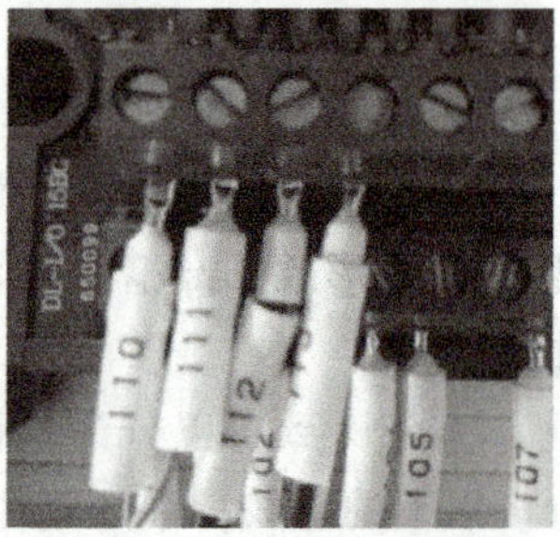
3	所有螺钉终端处接入的线缆必须使用正确尺寸的绝缘冷压端子。可用的尺寸为 0.25mm²、0.5mm²、0.75mm²，夹钳式连接除外（冷压端子只用于螺钉）	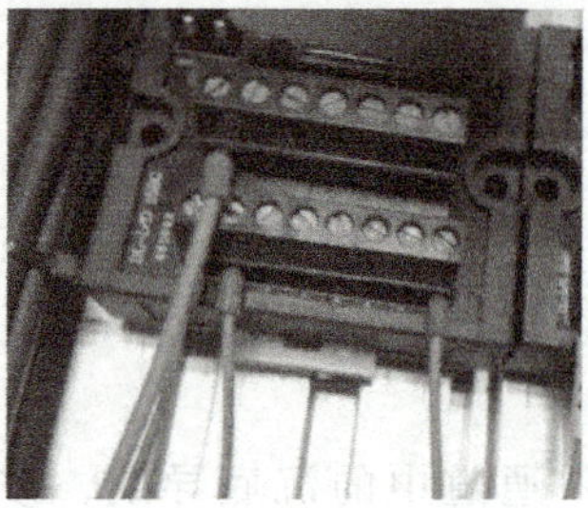	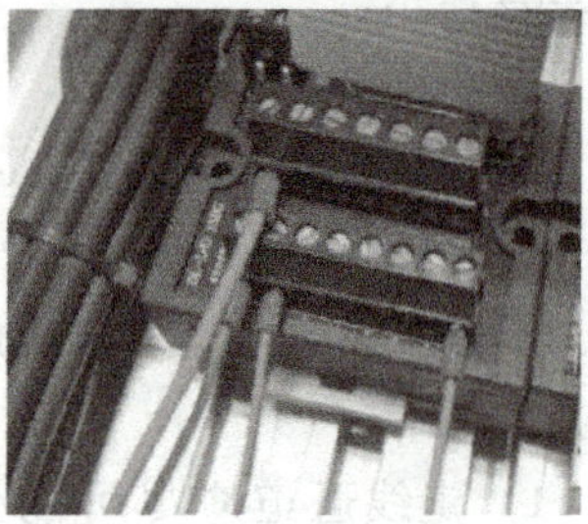

（续）

序号	描述	合格	不合格
4	线槽中的电缆必须有至少10mm的预留长度。如果是同一个线槽里的短接线,则没必要预留	 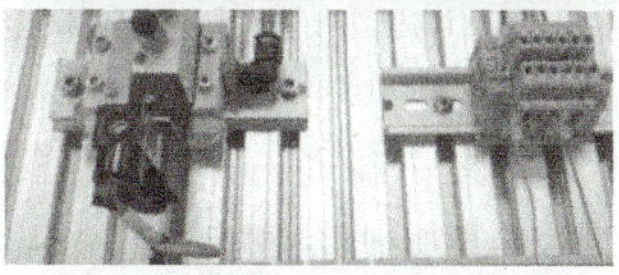	
5	需要剥掉线槽里线缆的外部绝缘层	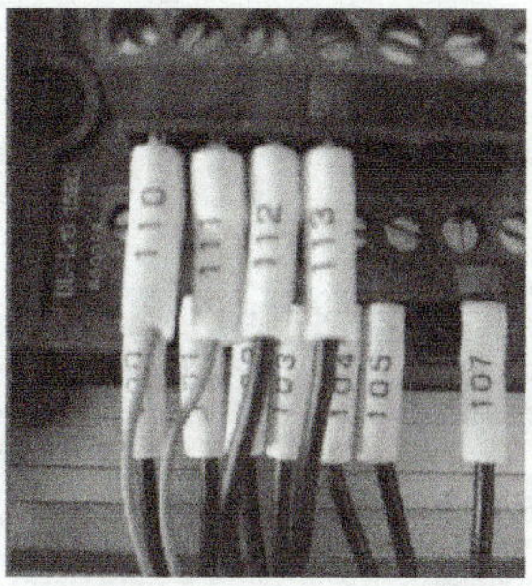	
6	要移除多余的线槽齿口 注意:线槽不得更换	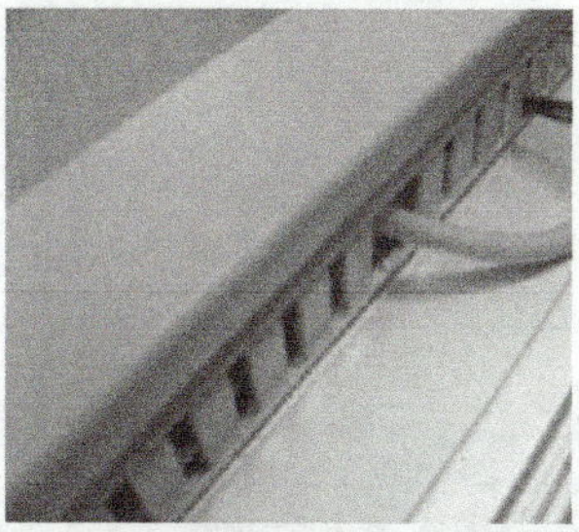	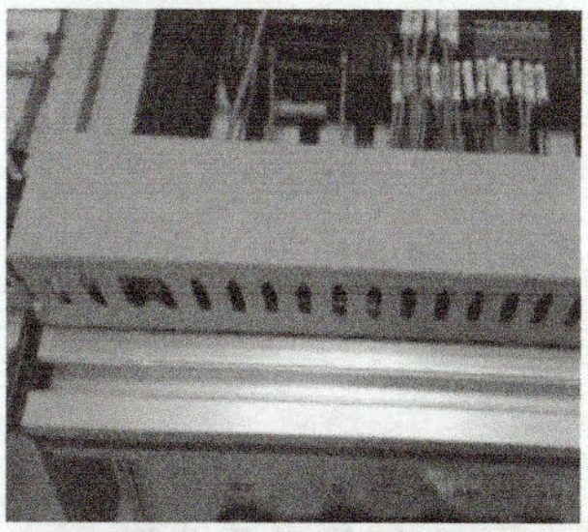
7	线槽必须全部合实,所有槽齿必须盖严	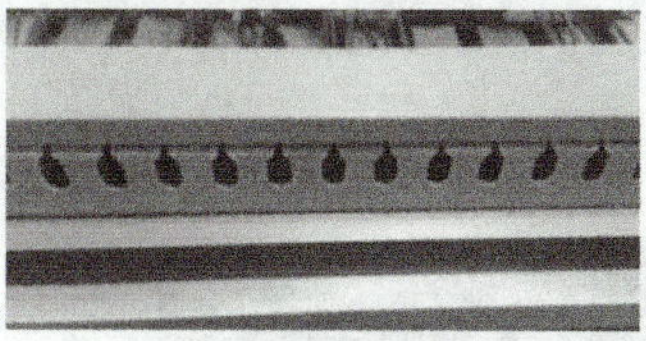	
8	不得损坏线缆绝缘层,并且裸线不得外露	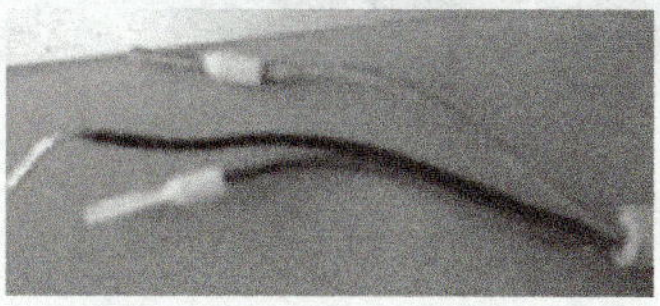	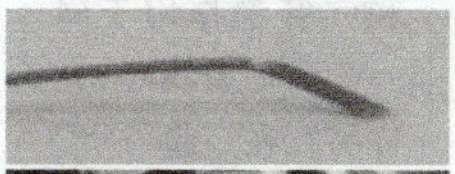 

（续）

序号	描述	合格	不合格
9	线、管需要剪到合适长度，并且线、管圈不得伸到线槽外		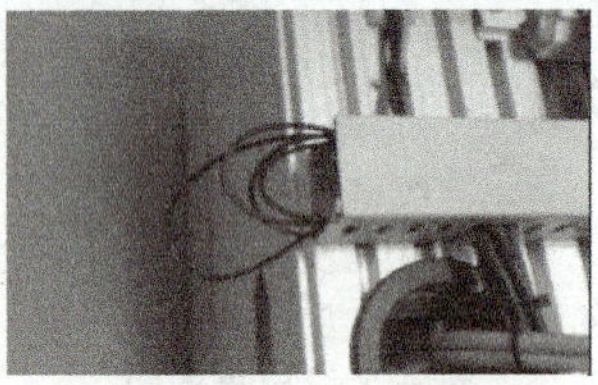
10	电线中不用的松线必须绑到线上，并且长度必须剪到和使用的那根长度一样。并且必须保留绝缘层，以防发生触点闭合。该要求适用于线槽内外的所有线缆		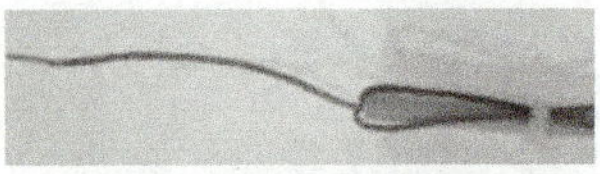 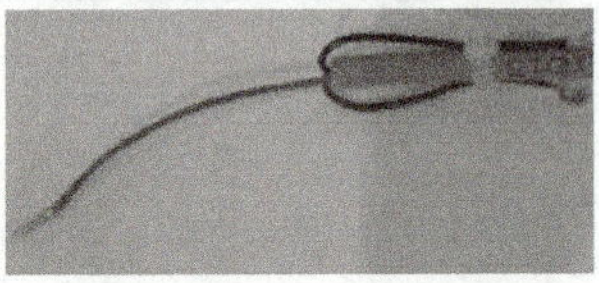 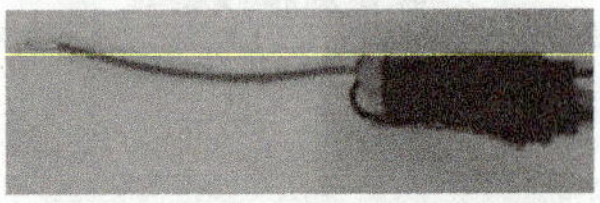 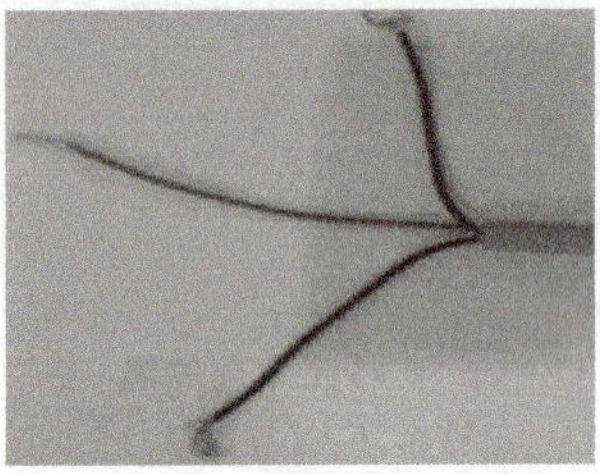
11	型材板上的电缆和气管必须分开绑扎	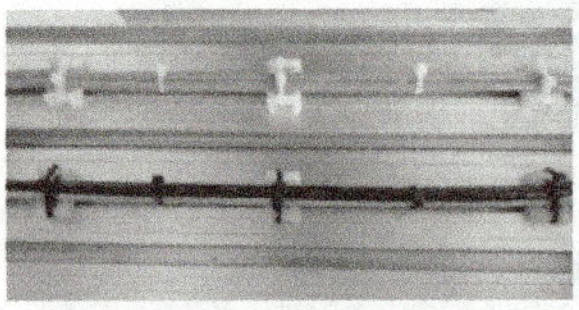	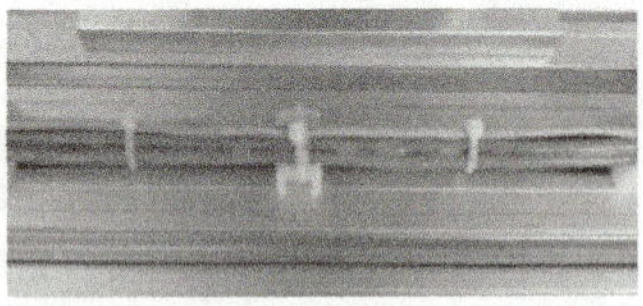
12	当电缆、光纤电缆和气管都作用于同一个活动模块时，允许绑扎在一起		—

（续）

序号	描述	合格	不合格
13	扎带切割后剩余长度需小于1mm,以免伤人		
14	所有沿着型材往下走的线缆和气管在安装时,需要使用线夹固定		
15	扎带的间距≤50mm		
16	线缆托架的间距≤120mm		
17	唯一可以接受的束缚固定线缆、电线、光纤线缆、气管的方式就是使用传导性线缆托架	单根电线用绑扎带固定在线夹子上	单根电缆、电线或气管没有紧固在线夹子上

（续）

序号	描述	合格	不合格
18	第一根扎带离阀岛气管接头连接处的最短距离为60mm±5mm		
19	所有活动件和工件在运动时不得发生碰撞	所有驱动器、线缆、气管和工件需能够自由运动	运行期间，不允许驱动器、线缆、气管和工件之间发生接触
20	工具不得遗留到工作站上或工作区域地面上	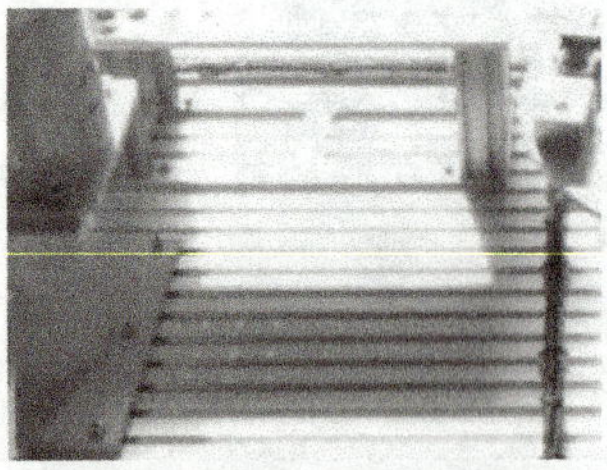	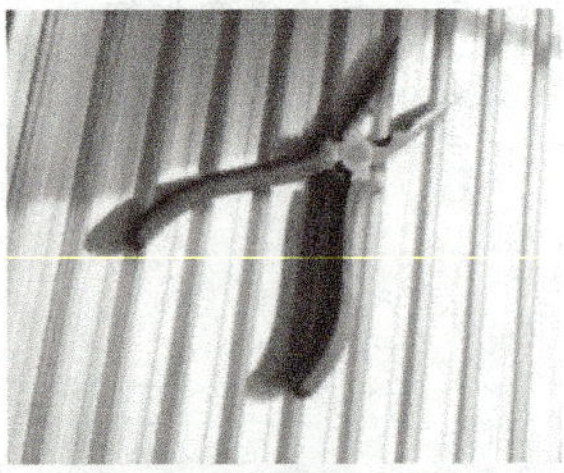
21	工作站上不得留有未使用的零部件和工件		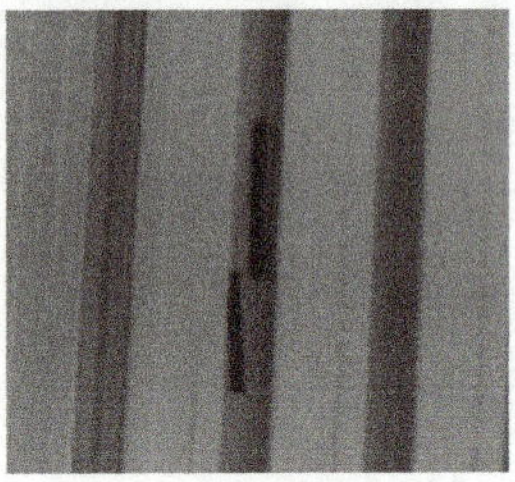
22	所有系统组件和模块必须固定好，所有信号终端也必须固定好		
23	站与站之间的错位需≤5mm		

(续)

序号	描述	合格	不合格
24	工作站的连接必须至少使用两个连接件		—
25	工作站之间的最大间距需≤5mm		
26	所有型材末端必须安装盖子		
27	固定零部件时都应使用带垫圈的螺钉		
28	所有电缆、气管和电线都必须使用线缆托架进行固定。可以进行短连接。如果可以将线缆切割到合适的长度,则不允许留线圈	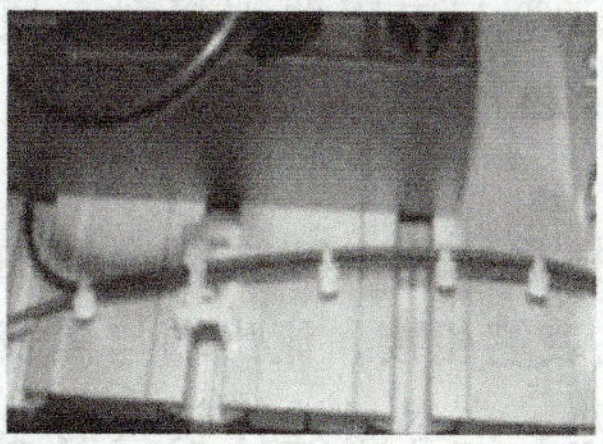	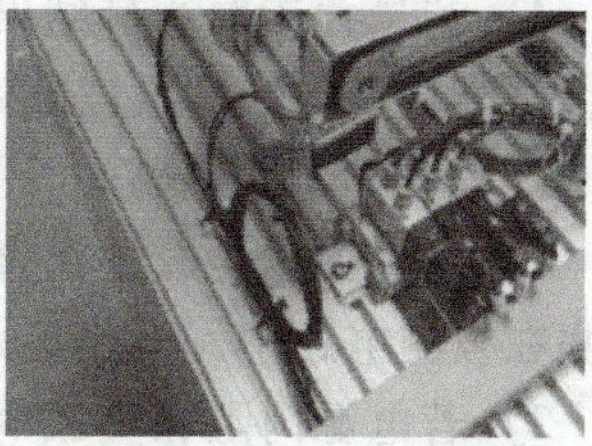

2.3.3 周边设备电气信号检查

机器人周边设备电气信号检查，一般包括使用测量仪表对电压和电流以及绝缘电阻进行测量。

一、模拟式万用表的使用

1. 使用之前要调零

为了减小测量误差，在使用万用表之前应先进行机械调零。在测量电阻之前，还要进行欧姆调零。

2. 要正确接线

万用表面板上的插孔和接线柱都有极性标记。使用时，将红表笔与"+"极性插孔相连，黑表笔与"-"极性插孔相连。测量直流量时，要注意正、负极性不得接反，以免指针反转。测量电流时，仪表应串联在被测电路中；测量电压时，仪表要并联在被测电路两端。在用万用表测量晶体管时，应牢记万用表的红表笔与内部电池的负极相接，黑表笔与内部电池的正极相接。

3. 要正确选择测量挡位

测量挡位包括测量对象和量程。如测量电压时应将转换开关放在相应的电压挡，测量电流时应放在相应的电流挡等。如误用电流挡去测量电压，会造成仪表损坏。选择电流或电压量程时，应使指针处在标度尺 2/3 以上的位置；选择电阻量程时，最好使指针处在标度尺的中间位置。这样做的目的是尽量减小测量误差。测量时，当不能确定被测电流、电压的数值范围时，应先将转换开关转至对应的最大量程，然后根据指针的偏转程度逐步减小至合适量程。

特别强调的是，严禁在被测电阻带电的情况下用欧姆挡去测量电阻。否则，外加电压极易造成万用表的损坏。

4. 测量

（1）测量电阻

1）右手握持两表笔，左手拿住电阻器中间处，将表笔跨接在电阻器的两引线上。

2）估测被测电阻值。测量前，首先应估测被测电阻大小，具体方法是将万用表置于欧姆挡任意挡位，将两表笔短路，观察指针是否指在零位。然后将两表笔与被测电阻两端紧密接触，根据指针所指位置选择合适量程。

3）万用表调零。万用表每次转换量程以后，都应先进行欧姆调零，其具体步骤是：将两表笔短路，观察指针是否指在零位，如果指针没有指在欧姆零位，可以左右调整欧姆调零器，直至指针指在欧姆零位。

4）测量并读取测量结果。将两表笔与电阻两端接触，使指针指向中心位置附近。此时，将指针所指读数乘以欧姆量程，就得出被测电阻的阻值。

（2）测量直流电流

1）将开关量程放置在直流挡，根据被测电流选择合适的量程。测量时，将测试表笔串联在被测电路中，电流流入端与红表笔相接，流出端与黑表笔相接。

2）若电源内阻和负载电阻都很小，应尽量选择较大的电流量程。不能带电变换挡位和量程。

(3) 测量直流电压

1) 测量直流电压时，一定要注意极性，红表笔放置在高电位，黑表笔放置在低电位。

2) 测量时，表笔接触测量部位要准确，且接触良好，不要碰触其他电路，否则将影响测量结果，甚至损坏万用表及测量电路。

3) 在测量相对于某一参考点的电位时，可将表笔一端固定在参考点进行单手操作。测量高内阻电源电压时，应尽量选择较高的电压量程，以减少表头内阻对测量结果的影响。测量带感抗电路的电压时，必须在切断电源前脱开万用表。

4) 测量较高电压时，需要将红表笔插入 2500V 孔。

(4) 测量交流电压

1) 将开关量程放置在交流电压"～"挡，选择合适的量程挡位。

2) 将两表笔直接并接于被测电路或负载两端即可读数。

3) 读数方法同测直流电压。

5. 读数要正确

在万用表的表盘上有许多条标度尺，分别用于不同的测量对象。所以，测量时要在对应的标度尺上读数，同时应注意标度尺读数和量程的配合，避免出错。读数时万用表应摆平放正，双眼正视指针。

二、数字式万用表的使用

1. 测量电阻

测量电阻的方法如图 2-65 所示。

2. 测量直流电压

测量直流电压的方法如图 2-66 所示。

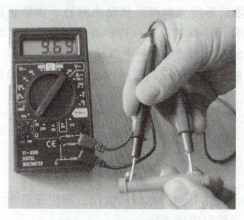

图 2-65　测量电阻的方法

图 2-66　测量直流电压的方法

3. 测量交流电压

测量交流电压的方法如图 2-67 所示。

三、兆欧表的使用

1. 使用兆欧表测量电气设备绝缘电阻的步骤

(1) 正确选择兆欧表　选择兆欧表的原则：一是其额定电压一定要与被测电气设备或

线路的工作电压相适应；二是兆欧表的测量范围应与被测绝缘电阻的范围相符合，以免引起大的读数误差。

（2）兆欧表的正确接线　兆欧表有三个接线端钮，分别标有 L（线路）、E（接地）和 G（屏蔽），使用时应按测量对象的不同来选用。当测量电气设备对地的绝缘电阻时，应将 L 接到被测设备上，E 可靠接地即可。

（3）使用兆欧表前的检查　使用兆欧表前要先检查其是否完好。检查步骤是：在兆欧表未接通被测电阻之前，摇动手柄使发电

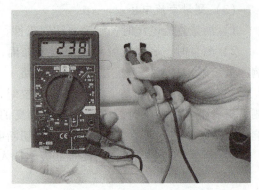

图 2-67　测量交流电压的方法

机达到 120r/min 的额定转速，观察指针是否指在标度尺的"∞"位置。再将端钮 L 和 E 短接，缓慢摇动手柄，观察指针是否指在标度尺的"0"位置。如果指针不能指在相应的位置，表明兆欧表有故障，必须检修后才能使用。

2. 使用兆欧表时的注意事项

1）绝缘电阻的测量必须在被测设备和线路断电的状态下进行。对含有大电容的设备，测量前应先进行放电，测量后也应及时放电，放电时间不得少于 2min，以保证人身安全。

2）兆欧表与被测设备间的连接导线不能用双股绝缘线或绞线，应用单股线分开单独连接，以避免线间电阻引起的误差。

3）摇动手柄时应由慢渐快至额定转速 120r/min。在此过程中，若发现指针指零，说明被测绝缘物发生短路事故，应立即停止摇动手柄，避免表内线圈因发热而损坏。

4）测量具有大电容设备的绝缘电阻时，读数后不能立即停止摇动兆欧表，以防止已充电的设备放电而损坏兆欧表。应在读数后一边降低手柄转速，一边拆去接地线。在兆欧表停止转动和被测设备充分放电之前，不能用手触及被测设备的导电部分。

5）测量设备的绝缘电阻时，应记下测量时的温度、湿度、被测设备的状况等，以便于分析测量结果。

四、钳形电流表的使用

1. 测前检查

测量前先检查钳形表有无损坏。

2. 选择量程

估计被测电流的大小，选择合适的量程。若无法估计被测电流的大小，则应先从最大量程开始，逐步换成合适的量程。转换量程应在导线退出后进行。

3. 测量并读取测量结果

合上电源开关，将被测导线置于钳口内的中心位置，以免增大误差；若量程不对，应将导线退出钳口后转换量程开关。如果转换量程后指针仍不动，需继续转换至较小量程。

4. 钳口接触

使用时钳口的结合面要保持良好的接触，如有杂声，应将钳口重新开合一次；若杂声依然存在，应检查钳口处有无污垢存在，如有污垢可用酒精或汽油擦拭干净后再进行测量。

5. 测量小电流

测量 5A 以下较小电流时，可将被测导线多绕几圈再放入钳口测量，如图 2-68 所示。被测的实际电流值就等于仪表读数除以放进钳口中的导线的圈数。

2.3.4 周边设备配电柜的安全防护

一、配电柜内部的布局原则

工业机器人根据工作环境的不同往往会配置很多周边设备，周边电气设备要安装在配电柜中，配电柜的布局需要注意以下几点。

1）设计控制柜体时要注意 EMC（电磁兼容性）的区域原则。

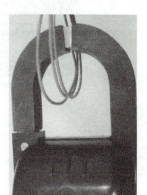

图 2-68 测量小电流

① 驱动器之间的距离不宜小于 50mm。

② 驱动器与控制系统之间的距离不宜小于 150mm。

2）把动力设备和控制设备规划在不同的区域中。

3）对于易发热元件，应将其放在配电柜上面接近排风口处，如驱动器的制动电阻。

4）对于较重的设备，应将其放在下面，而较轻的设备应放在上面。

5）对于面板、门板上的元件，其中心线的高度应符合以下规定；元器件组装顺序应从板前视，由左至右，由上至下；同一型号设备应保证组装一致性；保证操作方便、维修容易。标号应完整，标号粘贴位置应明确、醒目。

6）对于因振动而易损坏的元件，应在元件和安装板之间加装橡胶垫减振。

二、配电柜的安全防护措施

1. 可靠的工作环境

1）有导电性粉尘或产生易燃易爆气体的危险作业场所，必须安装密闭式或防爆型的电气设施。

2）室外配电柜（箱）应在箱子上采取防雨、防滴溅措施，如搭设架子管，在上面铺设石棉瓦或者彩钢瓦。

3）落地安装的柜（箱）底面应高出地面 50~100mm；操作手柄中心高度一般为 1.2~1.5m；柜（箱）前方 0.8~1.2m 的范围内无障碍物。

4）柜（箱）以外不得有裸露带电体；必须装设在柜（箱）外表面或配电板上的电器元件，必须有可靠的屏护。

5）配电柜（箱）、开关箱应可靠固定；进线和出线严禁承受外力，严禁与金属尖锐断口、强腐蚀介质和易燃易爆物接触。

2. 可靠的保护接地

1）保护接地的连续性可用有效的接线来保证。

2）柜内任意两个金属部件通过螺钉连接时，如有绝缘层均应采用相应规格的接地垫圈，并注意将垫圈齿面接触零部件表面，如图 2-69a 所示。

3）门上的接地处要加"抓垫"（见图 2-69b），防止因为油漆的问题而接触不好，而且连接线应尽量短。

a) 垫圈齿面　　　　　　　　　　b) "抓垫"

图 2-69　保护接地示意图

2.4　电气系统检查与诊断技能训练实例

技能训练 1　控制系统电气连接与检查

一、训练要求

某工作站的操作人员已经完成了机械结构的安装，并已识读了工作站的电气布局图，此时可根据电气原理图和气动原理图，完成电气连接与检查。机器人控制系统电气连接是必须掌握的一项技能，在机器人电气连接中无法百分之百保证接线正确性，在完成控制系统连接后必须要严谨地检查才可通电测试。连接示意图如图 2-70 所示。

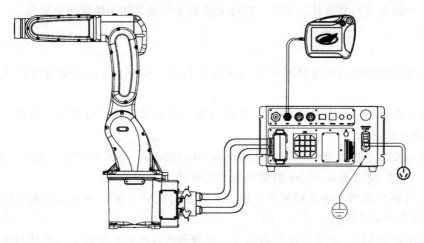

图 2-70　连接示意图

具体要求如下：

1）能正确完成控制柜的主电源线连接。
2）能正确完成工业机器人本体与控制柜的电气连接。
3）能正确完成工业机器人示教器与控制柜的连接。
4）在机器人接线完毕后，必须系统地检查接线有无遗漏和错接现象，以免造成不必要的电器损坏。

二、设备及工具清单

根据实际需求,选择设备及工具,见表2-13。

表2-13 设备及工具清单

序号	名称	规格	数量	备注
1	机器人本体	EFFORT ER3-600	1	
2	控制柜	EC2-S	1	
3	示教器及电缆	EC1-S-STATIC-CA	1	
4	动力编码器电缆	EC-M6-SC-PB	1	
5	主电源线	标准配置	1	

三、评分标准

评分标准见表2-14。

表2-14 评分标准

项目	评分点	配分	评分标准	扣分	得分
控制柜主电源线连接	是否断开电源开关	1	未断电源,扣1分		
	连接是否牢固可靠	2	连接不牢固,扣2分		
机器人本体与控制柜的电气连接	连接是否牢固可靠	4	连接不牢固,扣4分		
	卡扣是否锁紧	3	未锁紧卡扣,扣3分		
示教器与控制柜的连接	连接前是否观察定位标志并对准	4	未观察定位标志或未对准,扣4分		
	连接后是否拧动并锁紧	5	未锁紧卡扣,扣5分		
电气线路检查	上电前检查	3	排查接线是否有遗漏错误,有一处扣1分		
	通电测试	5	未能正确运行,扣5分		
职业素养和安全规范	安全	1	现场操作安全保护符合安全规范操作流程,未损坏元器件		
	规范	1	1)工具摆放、包装物品、导线线头等的处理符合职业岗位要求 2)合理安排,工作有序 3)材料利用率高,导线及材料损耗少 4)工具、量具使用正确		
	职业素养	1	1)遵守考核纪律,尊重考核人员 2)爱惜设备器材,保持工作的整洁		

注:考核中出现任何事故及安全问题均停止考核,成绩按0分处理。

四、操作步骤

工业机器人电气连接操作步骤如下:

1. 控制柜主电源线的连接

1）断开电网和控制柜之间的断路器、隔离开关等分断装置,确保操作安全。

2）观察线缆接口方向,防止因插反而损坏插头针脚。

3）适当力度插入插头,并确认牢固可靠。

2. 工业机器人本体与控制柜的电气连接

1）断开电网和控制柜之间的断路器、隔离开关等分断装置,确保操作安全。

2）观察线缆接口方向,防止因插反而损坏航空插头针脚。

3）适当力度插入航空插头,并确认牢固可靠。

4）锁紧卡扣。

3. 工业机器人示教器与控制柜的连接

1）断开电网和控制柜之间的断路器、隔离开关等分断装置,确保操作安全。

2）将线缆接口三角标志旋转到正确位置。

3）将三角标志对准控制柜 TPU 接口上的三角标志。

4）适当力度插入,防止因插反而损坏插头针脚。

5）顺时针旋转套筒,锁紧卡扣。

4. 检查接线

对照接线示意图（见图 2-70）检查连接是否正确。

技能训练 2　末端执行器电气系统检测

一、训练要求

某工作站的操作人员已完成了机械结构的安装,并完成了电气连接与检查,发现末端执行器工作不正常,请检查末端执行器电气系统。机器人末端执行器是机器人工作的手,如何完成既定任务完全依靠末端执行器来实现。末端执行器检测是工业机器人系统运维员必须掌握的技能之一。

具体要求如下：

1）根据末端执行器机械机构,检测机械机构是否活动灵便,是否有阻碍电气信号的现象。

2）能使用常用电工仪表对末端执行器电压进行测量。

3）能使用常用电工仪表对末端执行器电流进行测量。

4）能正确使用仪表对测量传感器进行检测。

5）确保操作过程中的人身和设备安全。

6）在机器人末端执行器维修过程中,不可使用蛮力造成机械损坏,传感器若要替换应注意型号的选择。

二、设备及工具清单

根据实际需求,选择设备及工具,见表 2-15。

三、评分标准

评分标准见表 2-16。

项目2 电气系统检查与诊断

表 2-15 设备及工具清单

序号	名称	规格	数量	备注
1	电磁阀	4V210-08	若干	
2	空气压缩机	DLX-ACT600	1	
3	位置传感器		若干	
4	万用表	Fluke F15B+	1	
5	钳形电流表		1	

表 2-16 评分标准

项目	评分点	配分	评分标准	扣分	得分
测量末端执行器电气系统电压	测量仪表使用方法	4	仪表使用错误每次扣1分,扣完为止		
	测量末端执行器各节点电压	5	未能正确测出电压值,扣5分		
测量末端执行器电气系统电流	测量仪表使用方法	4	仪表使用错误每次扣1分,扣完为止		
	测量末端执行器电流	5	测量错误一处,扣1分,扣完为止		
检测传感器	检查传感器接线是否正确	4	未能检查出接线错误,每少一处扣1分,扣完为止		
	检测传感器电压	5	仪表使用错误每次扣1分,扣完为止;未能测出电压,扣5分		
职业素养和安全规范	安全	1	现场操作安全保护符合安全规范操作流程,未损坏元器件		
	规范	1	1)工具摆放、包装物品、导线线头等的处理符合职业岗位要求 2)合理安排,工作有序 3)材料利用率高,导线及材料损耗少 4)工具、量具使用正确		
	职业素养	1	1)遵守考核纪律,尊重考核人员 2)爱惜设备器材,保持工作的整洁		

注:考核中出现任何事故及安全问题均停止考核,成绩按0分处理。

四、操作步骤

工业机器人末端执行器电气系统检测操作步骤如下:

1. 对末端执行器电压进行测量

1)断开电源,检查末端执行器电气系统接线是否牢固,是否有断路情况。

2)接通电源,根据设备实际情况合理使用万用表交流电压挡或直流电压挡测量各节点电压。

3）注意仪表使用方法。

2. 对末端执行器电流进行测量

使用万用表或者钳形电流表测量末端执行器工作电流是否正常。

3. 对测量传感器进行检测

1）使用数字式万用表，检验 I/O 连接是否正确，是否存在短路、断路现象。

2）检查末端执行器传感器是否损坏，确认电源的电缆是否损坏。

3）确认传感器电源和电压是否正常。

技能训练 3 周边设备的连接与检测

一、训练要求

某工作站的操作人员已完成了机械结构的安装，并已识读了工作站的电气布局图，接下来应完成工业机器人周边设备的连接与检测。机器人周边设备是机器人数据信号的来源，采集大部分的开关、模拟信号。在机器人工作过程中，如何判定是否到位完全依靠外围信号的采集。连接周边设备，将关系到机器人系统能否正常工作。

具体要求如下：

1）根据工艺规范要求完成工业机器人周边设备的机械连接。

2）根据工艺规范要求完成工业机器人周边设备的电气连接。

3）根据工艺规范要求完成工业机器人周边设备的气路连接。

4）完成工业机器人周边设备的检测。

5）根据检测结果，完成工业机器人通电测试。

6）确保操作过程中的人身和设备安全。

7）机器人周边设备较多，对不熟悉的设备不要盲目操作，要查询相关资料后才可操作。

二、设备及工具清单

根据实际需求，选择设备及工具，见表 2-17。

表 2-17　设备及工具清单

序号	名称	规格	数量	备注
1	配电柜	配套设备	1	
2	控制面板	配套设备	1	
3	气动系统	配套设备	1	
4	机械结构	配套设备	1	
5	万用表	Fluke F15B+	1	
6	螺钉旋具	一字/十字	若干	
7	内六方扳手	M3、M4、M5、M6、M8、M10、M12、M14、M16	各 1	

三、评分标准

评分标准见表 2-18。

表 2-18　评分标准

项目	评分点	配分	评分标准	扣分	得分
周边设备的机械连接	机械连接正确度	4	每连接错误一处,扣 0.5 分,扣完为止		
	机械连接工艺	3	每一处不规范,扣 0.5 分,扣完为止		
周边设备的电气连接	电气连接正确度	4	每连接错误一处,扣 0.5 分,扣完为止		
	电气连接工艺	3	每一处不规范,扣 0.5 分,扣完为止		
周边设备的气路连接	气路连接正确度	4	每连接错误一处,扣 0.5 分,扣完为止		
	气路连接工艺	3	每一处不规范,扣 0.5 分,扣完为止		
线路检查	上电前检查	4	排查接线是否有遗漏错误,有一处扣 1 分		
	通电测试	2	未能正确运行,扣 2 分		
职业素养和安全规范	安全	1	现场操作安全保护符合安全规范操作流程,未损坏元器件		
	规范	1	1) 工具摆放、包装物品、导线线头等的处理符合职业岗位要求 2) 合理安排,工作有序 3) 材料利用率高,导线及材料损耗少 4) 工具、量具使用正确		
	职业素养	1	1) 遵守考核纪律,尊重考核人员 2) 爱惜设备器材,保持工作的整洁		

注:考核中出现任何事故及安全问题均停止考核,成绩按 0 分处理。

四、操作步骤

工业机器人周边设备的连接与检测操作步骤如下:

1. 工业机器人周边设备的机械连接

1) 选择合适的工具。
2) 固定螺钉,紧固件力矩适当。
3) 整理工作台。

2. 工业机器人周边设备的电气连接

1) 选择合适线径的导线。
2) 选用合适的接线端子,套上线号管,使用压线钳将端子压接牢固。
3) 将端子塞入接线柱,使用螺钉旋具紧固端子,注意力矩适当和不要露铜。
4) 将导线合适的余量放入线槽并整理好。
5) 整理、捆扎线束。

6）盖上线槽盖等。
7）整理工作台。

3. 工业机器人周边设备的气路连接

1）选择合适管径的气管。
2）注意气管长度，留好余量。
3）将气管塞入快接头，注意紧固和气密性。
4）整理、捆扎线束。
5）整理工作台。

4. 工业机器人周边设备的检测

1）检查机械连接是否牢固。
2）选择正确的测量仪表。
3）选择正确的挡位量程。
4）使用正确的测量方法。
5）多次测量，记录数据。
6）检查气路连接有无漏气。

复习思考题

1. 简述工业机器人程序及数据备份的具体操作步骤。
2. 简述工业机器人程序及数据导入的具体操作步骤。
3. 操作工业机器人时应采取的安全措施有哪些？
4. 简述工业机器人电气连接的操作步骤。
5. 简述工业机器人末端执行器电气系统检测的操作步骤。

Chapter 3
项目 3 工业机器人运行维护与保养

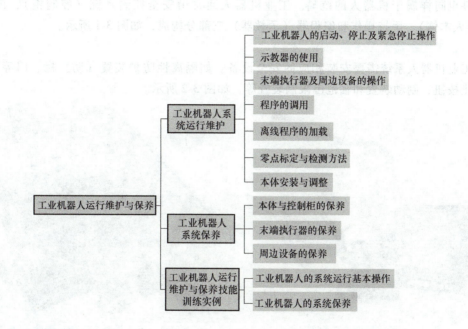

知识目标：

1. 掌握操作面板、控制柜和示教器的基本操作方法。
2. 掌握末端执行器和周边设备的基本操作方法。
3. 掌握机器人本体和控制柜的安装方法。
4. 掌握机器人本体和控制柜的清洁保养方法。
5. 掌握末端执行器和周边设备的清洁保养方法。

技能目标：

1. 能对操作面板、控制柜和示教器进行基本操作。
2. 能操作末端执行器和周边设备。
3. 能调整机器人本体和控制柜的安装位置等。
4. 能对机器人本体和控制柜的进行清洁保养。
5. 能对末端执行器和周边设备进行清洁保养。

3.1 工业机器人系统运行维护

3.1.1 工业机器人的启动、停止及紧急停止操作

一、工业机器人的概念

机器人是一种可自由编程并受程序控制的操作机,控制系统、操作设备以及连接电缆和软件也同样属于机器人的范畴。工业机器人通常由安全控制系统(控制柜)、机械手(机器人本体)、手持操作和编程器(示教器)三部分构成,如图3-1所示。

二、工业机器人工作站

工业机器人系统需要安装相应的安全设备。如隔离性防护装置(防护栏、门等)、紧急停止按钮、制动装置和轴范围限制装置等,如图3-2所示。

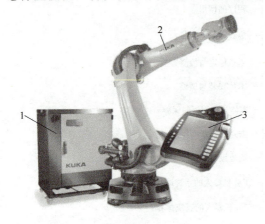

图3-1 工业机器人的组成
1—安全控制系统(控制柜)
2—机械手(机器人本体)
3—手持操作和编程器(示教器)

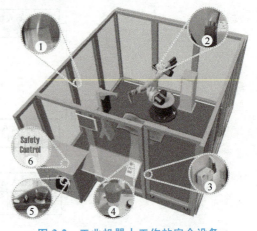

图3-2 工业机器人工作站安全设备
1—防护栏 2—轴1、2和3的机械终端挡轴范围限制装置 3—防护门及具有关闭和监控功能的门触点 4—外部紧急停止按钮 5—示教器上的紧急停止按钮、确认键、调用连接管理器的钥匙开关 6—内置的KR C4安全控制器

1. 防护栏装置

防护栏装置可以是玻璃幕墙(见图3-3)或者防护栏,防止非机器人操作人员或参观人员进入工作范围内,造成人员损伤或财产损失;当操作人员不小心将机器人冲破防护栏可能对人员造成损伤时,可起到警示作用。

2. 轴范围限制装置

视机器人类型的不同,机械手的基本轴和手轴的轴范围部分地由机械终端止挡进行限制。附加轴上可安装其他的机械终端卡位。KUKA

图3-3 防护栏装置

机器人除了物理限定轴范围外，还可以通过软限位限定轴范围。

机器人基本轴 A1~A3 以及手轴 A5 的轴范围均由带缓冲器的机械终端止挡限定，如图 3-4 所示。

 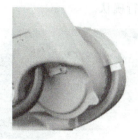 

a) 轴1机械终端止挡　　　　b) 轴2机械终端止挡　　　　c) 轴3机械终端止挡

图 3-4　轴 1、轴 2、轴 3 机械终端止挡

如果机器人或一个附加轴在行驶中碰撞到障碍物、机械终端止挡或轴范围限制处的缓冲器，则会导致机器人系统受损。在机器人系统重新投入运行之前，需联系库卡机器人有限公司，将被撞到的缓冲器换为新的。如果机器人（附加轴）以超过 250mm/s 的速度撞到缓冲器，则必须更换机器人（附加轴）或由厂家进行一次重新调试。

3. 防护门及具有关闭和监控功能的门触点传感器

防护门上安装有关闭和监控功能的门触点传感器，如图 3-5 所示。这是为防止机器人在自动运行模式下人员误闯进入而设置的安全防护。门触点传感器与控制面板上的安全门确认指示灯及报警指示灯共同组成防护装置。

防护门关闭，按下安全门确认按钮，指示灯亮起，门触点传感器防护功能触发。

防护门开启，安全门确认按钮指示灯灭，门触点传感器防护功能被关闭，此时机器人以安全停止 1 方式停机。

4. 外部紧急停止按钮

外部紧急停止按钮是除了示教器上的已有的紧急停止按钮外，客户或供应商通过接口的输入端自行连接的安全按钮，用于在示教器已拔出的情况下也有紧急停止装置可供使用。急停按钮处于 TRUE（未被按下）状态时，机器人才能被操作，如图 3-6 所示。

 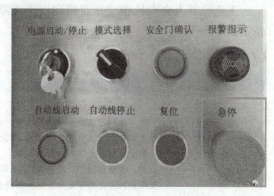

图 3-5　门触点传感器　　　　　　　　图 3-6　外部紧急停止按钮

5. 紧急停止按钮

工业机器人紧急停止按钮位于示教器上，如图 3-7 所示，在出现危险情况或紧急情况时按下此按钮，机器人会以 STOP1 的方式停止运行。若继续运行，则必须旋转紧急停止按钮以将其解锁，并对停机信息进行确认。

图 3-7　紧急停止按钮

6. KR C4 安全控制器

工业机器人机械系统由伺服电动机控制运动，而这些伺服电动机则由 KR C4 控制系统控制，从而控制机器人 6 个轴以及最多两个附加的外部轴。在控制柜上有旋钮开关，如图 3-8 所示。

三、工业机器人的紧急停止

工业机器人的紧急停止装置是位于示教器上的紧急停止按钮，如图 3-7 所示。在出现危险情况或紧急情况时必须按下该按钮。

按下紧急停止按钮时，工业机器人的反应是：机械手及附加轴以安全停止 1 的方式停机。若欲继续运行，则必须旋转紧急停止按钮以将其解锁。与机器人相连的工具或其他装置若可能引发危险，则必须将其连入设备侧的紧急停止回路中。

图 3-8　KR C4 安全控制器（控制柜）

为确保即使在示教器已拔出的情况下也有紧急停止装置可供使用，至少要安装一个外部紧急停止装置。

四、安全停止类型

工业机器人会在操作或在监控和出现故障信息时做出停机反应。机器人的停机类别见表 3-1。

表 3-1　机器人的停机类别

概念	说明
安全运行停止	安全运行停止是一种停机监控。它不停止机器人运动，而是监控机器人轴是否静止。如果机器人轴在安全运行停止时运动，则安全运行停止触发安全停止 STOP0 安全运行停止也可由外部触发 如果安全运行停止被触发，则机器人控制系统会给现场总线的一个输出端赋值。如果在触发安全运行停止时不是所有的轴都停止，并以此触发了安全停止 STOP0，则也会给该输出端赋值

（续）

概念	说　　明
安全停止 STOP1	一种由安全控制系统触发并监控的停止。该制动过程由机器人控制系统中与安全无关的部件执行并由安全控制系统监控。一旦机械手静止下来,安全控制系统就关断驱动装置和制动器的供电电源 如果安全停止 STOP1 被触发,则机器人控制系统会给现场总线的一个输出端赋值 安全停止 STOP1 也可由外部触发 提示:该停止在文件中称为安全停止 1
安全停止 STOP2	一种由安全控制系统触发并监控的停止。该制动过程由机器人控制系统中与安全无关的部件执行并由安全控制系统监控。驱动装置保持接通状态,制动器则保持松开状态。一旦机械手停止下来,安全运行停止即被触发 如果安全停止 STOP2 被触发,则机器人控制系统会给现场总线的一个输出端赋值 安全停止 STOP2 也可由外部触发 提示:该停止在文件中称为安全停止 2
安全停止 STOP0	一种由安全控制系统触发并执行的停止。安全控制系统立即关断驱动装置和制动器的供电电源 提示:该停止在文件中称为安全停止 0
停机类别 0	驱动装置立即关断,制动器制动。机械手和附加轴(选项)在额定位置附近制动 提示:此停机类别在文件中称为 STOP0
停机类别 1	机械手和附加轴(选项)在额定位置上制动。1s 后驱动装置关断,制动器制动 提示:此停机类别在文件中称为 STOP1
停机类别 2	驱动装置不被关断,制动器不制动。机械手及附加轴(选项)通过一个不偏离额定位置的制动斜坡进行制动 提示:此停机类别在文件中称为 STOP2

机器人停机反应与所设定的运行方式的关系见表 3-2。

表 3-2　机器人停机反应与所设定的运行方式的关系

触发因素	T1、T2	AUT、EXT
启动键被松开	STOP2	—
按下停机键	STOP2	STOP2
驱动装置关机	STOP1	STOP1
输入端无"运动许可"	STOP2	STOP2
关闭机器人控制系统(断电)	STOP0	STOP0
机器人控制系统内与安全无关的部件出现内部故障	STOP0 或 STOP1(取决于故障原因)	
运行期间工作模式被切换	安全停止 2	
打开防护门(操作人员防护装置)	—	安全停止 1
松开确认键	安全停止 2	—
持续按住确认键或出现故障	安全停止 1	—
按下急停按钮	安全停止 1	
安全控制系统或安全控制系统外围设备中的故障	安全停止 0	

3.1.2 示教器的使用

一、示教器的作用及特点

示教器是用于工业机器人的手持编程器，属于机器人的人机交互系统。示教器具有工业机器人操作和编程所需的各种操作和显示功能。示教器一般具有以下特点（不同品牌会有区别）：大尺寸触摸屏，用手或配备的触摸笔操作，无需外部鼠标和外部键盘；有菜单键、运行键等各种功能按键；有更换运行方式的钥匙开关；有紧急停止按钮；有 USB 接口；可插拔等。

二、示教器的结构及功能

1. 示教器正面（见图 3-9）

图 3-9 中各序号说明：

1—用于拔下示教器的按钮。

2—用于调出连接管理器的钥匙开关。只有插入钥匙后，才可转动开关。

3—紧急停止按钮。用于在危险情况下关停机器人。紧急停止按钮在被按下时将自行闭锁。

4—空间鼠标。用于手动移动机器人。

5—运行键。用于手动移动机器人。

6—用于设定程序调节量的按键。

7—用于设定手动调节量的按键。

8—主菜单按键。用来在示教器上将菜单项显示出来。

9—状态键。状态键主要用于设定应用程序包中的参数。其确切的功能取决于所安装的技术包。

10—启动键。通过启动键可启动程序。

11—逆向启动键。用逆向启动键可逆向启动程序，程序将逐步运行。

12—停止键。用停止键可暂停正在运行的程序。

13—键盘按键。可显示键盘。通常不必特地将键盘显示出来，示教器可识别需要通过键盘输入的情况并自动显示键盘。

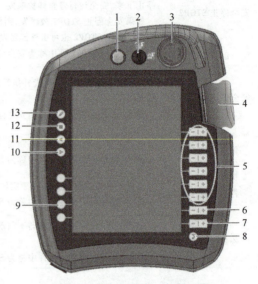

图 3-9　库卡机器人示教器正面

2. 示教器背面（见图 3-10）

图 3-10 中各序号说明：

1、3、5—确认开关。确认开关具有三个开关位：未按下、中间位置、完全按下。在运行方式 T1 及 T2 下，确认开关必须保持在

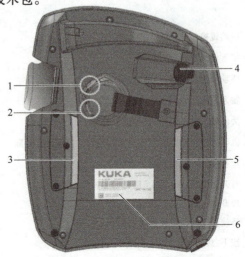

图 3-10　库卡机器人示教器背面

中间位置，这样才可开动机器人。在采用自动运行模式和外部自动运行模式时，确认开关不起作用。

2—启动键。在自动运行方式下，通过启动键可启动一个选定的程序。

4—USB 接口。USB 接口用于连接存档/还原的 U 盘，仅适于 FAT32 格式的 USB。

6—型号铭牌。

三、操作界面

示教器的触摸屏操作界面，如图 3-11 所示。

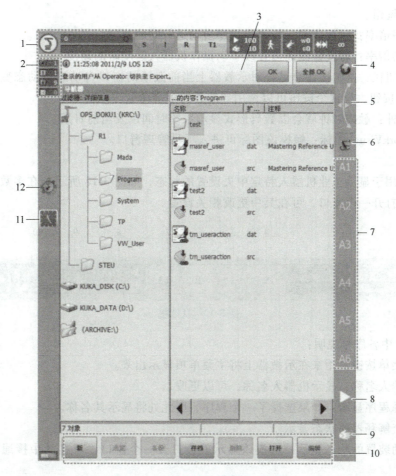

图 3-11　示教器的触摸屏操作界面

图 3-11 中各序号说明：

1—状态栏：如图 3-12 所示。

2—提示信息计数器：显示每种提示信息类型的提示数。触摸提示信息计数器可放大显示。

3—信息窗口：根据默认设置将只显示最后一条提示信息。触摸提示信息窗口可放大该窗口，并显示所有待处理的提示信息。可以被确认的信息可用"OK"键确认，所有可以被确认的信息可用"全部 OK"键一次性全部确认。

4—3D 鼠标坐标系状态显示：该显示会显示用 3D 鼠标手动移动的当前坐标系。触摸该图标就可以显示所有坐标系,并可以选择另一个坐标系。

5—显示3D鼠标定位:触摸该图标会打开一个显示3D鼠标当前定位的窗口,在窗口中可以修改定位。

6—运行键坐标系状态显示:该显示可显示用运行键手动移动的当前坐标系。触摸该图标就可以显示所有坐标系,并可以选择另一个坐标系。

7—运行键标记:如果选择了轴运动,这里将显示轴号(A1、A2等)。如果选择了笛卡儿坐标系,这里将显示坐标系的方向(X、Y、Z、A、B、C)。触摸标记会显示选择了哪种运动系统组。

8—程序倍率:触摸该图标可修改程序自动运行时的速度。

9—手动倍率:触摸该图标可修改手动操作机器人运动时的速度。

10—按钮栏:这些按钮总是针对示教器上当前激活的窗口自动进行动态变化。最右侧是"编辑"按钮,用这个按钮可以调用导航器的多个命令。

11—时钟:触摸时钟就会以数码形式显示系统时间以及当前日期。

12—WorkVisual图标:触摸该图标可进入项目管理窗口。

四、状态栏

状态栏用于显示工业机器人特定中央设置的状态,如图3-12所示。在多数情况下,通过触摸就会打开一个窗口,可在其中更改相关设置。

图3-12 状态栏

图3-12中各序号说明:

1—主菜单按键:用来在示教器上将主菜单项显示出来。

2—机器人名称:显示机器人名称,可以更改。

3—选择程序显示:如果选择了一个程序,则此处将显示其名称。

4—提交解释器的状态显示。

5—驱动装置的状态显示:触摸该显示就会打开一个窗口,可在其中接通或关断驱动装置。

6—机器人解释器的状态显示:可在此处重置或取消选定程序。

7—当前运行方式。

8—POV/HOV的状态显示:显示当前程序倍率和手动倍率。

9—程序运行方式的状态显示:显示当前程序运行方式。

10—工具/基坐标的状态显示:显示当前工具和当前基坐标。

11—增量式手动移动的状态显示。

五、工业机器人的运行方式

机器人的运行方式有以下四种:

（1）T1（手动慢速运行） 用于测试运行、编程和示教，需要运行键或3D鼠标在确认开关处于中间位置的情况下控制机器人运动，手动运行时的最高速度为250mm/s。

（2）T2（手动快速运行） 用于测试运行，程序执行时的速度等于编程设定的速度。

（3）AUT（自动运行） 用于不带上级控制系统的工业机器人，程序执行时的速度等于编程设定的速度。

（4）EXT（外部自动运行） 用于带上级控制系统（PLC）的工业机器人，程序执行时的速度等于编程设定的速度。

六、坐标系的定义

在工业机器人的操作、编程和投入运行时，坐标系具有重要的意义。在机器人控制系统中定义了下列坐标系（见图3-13）：

（1）世界坐标系（WORLD） 世界坐标系是机器人坐标系和基坐标系的基础，大多数情况下原点位于机器人足部。

（2）机器人坐标系（ROBROOT） 机器人坐标系固定于机器人足内，机器人的原点，说明机器人在世界坐标系中的位置。

（3）基坐标系（BASE） 基坐标系是一个笛卡儿坐标系，用来说明工件的位置。它以世界坐标系为参照基准。在默认配置中，基坐标系与世界坐标系是一致的，由用户将其移入工件。

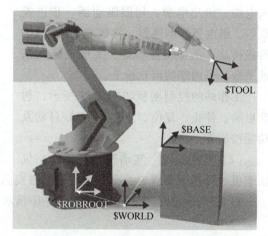

图3-13 机器人坐标系示意图

（4）工具坐标系（TOOL） 工具坐标系可自由定义位置，常用于工具坐标的定义。工具坐标系的原点别称为TCP。

3.1.3 末端执行器及周边设备的操作

一、末端执行器

用在工业上的机器人的手一般称为末端执行器，它是机器人直接用于抓取和握紧专用工具进行操作的部件。它具有模仿人手动作的功能，并安装于机器人手臂的前端。能根据相应的命令执行相应的动作。由于被握工件的形状、尺寸、重量、材质及表面形状等的不同，工业机器人的末端操作器也是多种多样的，大致可以分为以下几类：

（1）夹钳式取料手 夹钳式取料手包含平行手指气缸、真空发生器、真空吸盘和连接法兰等，固定于机器人末端法兰上，可抓取基础夹具库模块上的夹具，用于搬运、码垛、绘图、工具坐标系标定等操作。

（2）吸附式取料手 一般为真空吸盘和吸盘阵列等，包含真空发生器、真空吸盘和连接法兰等，一般用于表面光滑的物料搬运操作。

（3）专用设备或转换器 这类工具有很多种，主要有以下几种：

1）气动打磨机（配套打磨、去毛刺、抛光等不同用途打磨头若干）、平行手指、连接板等，夹取预打磨工件在砂带机上打磨或气动打磨机进行轮毂工件打磨等。

2) 各种焊接工具等。
3) 仿生多指灵巧手。

二、周边设备

所有不包括在工业机器人系统内的设备都被称为外围设备，它们可以是各种保护装置、带传送机、传感器等。工业机器人根据工作需求不同，周边设备配置也不相同。

(1) 电控及通信设备 如图 3-14 所示，电气控制系统的 PLC 及扩展模块、输入电源、输出电源、伺服驱动器、步进控制器、继电器、断路器、接线端子排、I/O 转接模块、工业交换机等，集中安装在基础平台一侧内部的网孔板上。

工作站的控制面板如图 3-15 所示，包含启动、停止、复位、急停、手动/自动及功能按钮等。

图 3-14 电控及通信设备

(2) 气动系统 气动系统主要由空气压缩机、调压过滤器、油雾发生器和电磁换向阀等组成。

1) 空气压缩机。空气压缩机如图 3-16 所示，用于为工作站气动执行系统提供压缩空气。

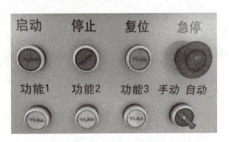

图 3-15 工作站的控制面板

图 3-16 空气压缩机

2) 调压过滤器。调压过滤器如图 3-17 所示，由空气过滤器（分水滤气器）和减压阀（调压阀）组成。其中减压阀的主要作用是稳定气源的压力，使气源达到恒定状态，降低气源气压突然变化对阀门和执行器等硬件带来的损伤；空气过滤器的主要作用是清洁受污染的气源，滤除压缩空气中的水分和杂质，防止水分和杂质随气体进入设备，过滤精度达 40μm。

3) 油雾发生器。油雾发生器如图 3-18 所示，专供气动打磨机使用，接通后，可有效润滑气动马达，延长其使用寿命。

4) 电磁换向阀。电磁换向阀如图 3-19 所示，用于控制气缸、机器人手爪和吸盘等气动执行机构。

图 3-17 调压过滤器

图 3-18 油雾发生器

图 3-19 电磁换向阀

（3）编程主机

1）组成：主机、显示器、键盘、鼠标和桌凳等。

2）功能：可实现设备编程、系统软件安装、组网调试、视觉检测软件实时显示等。

3.1.4 程序的调用

一、程序的选定

如果要执行一个机器人程序，则必须先将程序选定。通常情况下，程序文件在"R1"文件夹下的"Program"文件夹中创建。选定程序操作步骤如图 3-20 所示。

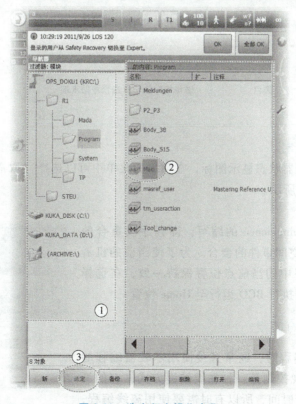

图 3-20 选定程序操作步骤

① 在导航器左侧的文件夹/结构列表中选中程序所在的文件夹。
② 在导航器右侧的文件夹/数据列表中选中需要选定的程序文件。
③ 按下"选定"键。

选定程序之后，机器人解释器的状态显示图标会根据程序执行情况显示不同的颜色，见表 3-3。

表 3-3 机器人解释器的状态显示图标

图标	颜色	说明
R	灰色	未选定程序
R	黄色	语句指针位于所选程序的首行
R	绿色	已经选择程序，而且程序正在运行
R	红色	选定并启动的程序被暂停
R	黑色	语句指针位于所选程序的末端

二、取消程序选定

按下机器人解释器状态显示图标，在弹出的菜单中可以选择"取消选择程序"和"程序复位"，如图 3-21 所示。

三、BCO 运行

BCO 是 Block Coincidence 的缩写，即程序段重合的意思。重合即时间/空间事件的会合。为了使当前的机器人位置与机器人程序中的当前点位置保持一致，在选择或者复位程序后必须执行 BCO 运行至 Home 位置。

3.1.5 离线程序的加载

对工业机器人编程时，经常直接使用示教器编程的方式，这种示教-再现控制是一种在线编程方式，它的最大问题是会占用生产时间，所以有时需要使用离线编程，

图 3-21 "取消选择程序"和"程序复位"

然后再加载到工业机器人控制系统。此时会用到相关厂家出品的各类仿真及离线编程软件。当给库卡机器人加载离线程序时，就会用到WorkVisual软件。为在控制系统的一个现有项目中添加或更改程序，必须执行以下工作步骤：

1）通过KSI-库卡系统接口将装有WorkVisual软件的计算机连接到控制系统上，如图3-22所示。

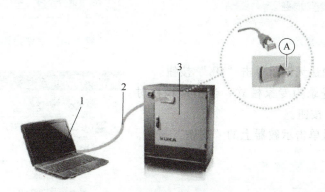

图3-22 连接示意图
1—装有WorkVisual的便携式计算机 2—网络线路 3—控制柜KR C4

KR C4控制柜的KSI接口位于控制系统操作面板（CSP）的罩盖后面，WorkVisual软件通过PC端以太网端口与KUKA机器人控制器连接，连接通信线为普通网线。如果是KR C4 compact控制柜，前端没有操作面板（CSP），则将网线一头插入计算机以太网口，另一头插入KR C4 compact控制器的X66端。

注意：硬件连接之后需要将PC和机器人设置在同一个网段中，并打开相应的项目。

2）在WorkVisual中激活编程和诊断模式。

WorkVisual有两种不同的模式：

① 配置和投入运行：用于项目相关的工作范围，如硬件、现场总线和安全配置。

② 编程和诊断：使用KRL编辑器工作，在线诊断的范围，如硬件诊断和测量记录。

软件的工作区可通过"视图"菜单或者"工作范围"标签切换为"配置和投入运行"以及"编程和诊断"功能。激活的选择显示为橙色，如图3-23所示，图中选择为"编程和诊断"模式。

WorkVisual软件可以进行KUKA机器人离线编程，主要用于程序逻辑编程。对于机器人运动指令中的目标点最好的方式还是通过示教器进行在线示教。

3）创建连接找到文件路径。用WorkVisual编程时，先单击"创建连接"图标建立连接，如图3-24所示；生成或调整程序*.src的文件路径。在"KRC Explorer"窗口的文件选项卡下找到菜单路径：KRC \ R1 \ Program，如图3-25所示。

4）将离线程序下载到控制器。

① 在相应文件夹下新建或修改程序。

② 在程序所在文件夹单击鼠标右键出现菜单。

③ 在菜单中单击"传送改动"按钮。

图 3-23 "工作范围"窗口

图 3-24 "创建连接"图标

④ 比较改动确认无误后单击"OK"按钮。

⑤ 将示教器登录为专家模式,当出现授权对话框时单击"是"按钮。

⑥ 传送完成后单击示教器上的"撤销"按钮。

3.1.6 零点标定与检测方法

一、零点标定的原理

工业机器人仅在得到充分和正确标定零点时,它的使用效果才会最好。因为只有这样,机器人才能达到它最高的点精度和轨迹精度或者完全能够以编程设定的动作运动。

完整的零点标定过程包括为每一个轴标定零点。通过技术辅助工具电子控制仪(Electronic Mastering Device, EMD)可为任何一个在机械零点位置的轴指定一个基准值(如 0°),因为这样就可以使轴的机械位置和电气位置保持一致,所以每一

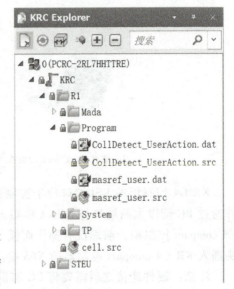

图 3-25 "KRC Explorer"窗口项目结构

个轴都有一个唯一的角度值。所有机器人的零点标定位置校准都是相似的,但不完全相同。同一型号的不同机器人之间,精确位置有所不同,零点位置也略有不同。

原则上,机器人必须时刻处于已标定零点的状态。在以下情况下必须进行零点标定:在投入运行时;在对参与定位值感测的部件(例如带分解器或 RDC 的电动机)采取了维护措施之后;当未用控制器(例如借助于自由旋转装置)移动了机器人轴时;进行了机械修理后删除了机器人的零点时;更换齿轮箱后;以高于 250mm/s 的速度上行移至一个终端止挡之后;在碰撞后。

如果机器人轴未经零点标定,则会严重限制机器人的功能:①无法编程运行,即不能按编程设定的点运行;②无法在手动运行模式下手动平移,即不能在坐标系中移动;③软件限位开关关闭。删除零点的机器人可能会撞向终端止挡上的缓冲器,由此可能使缓冲器受损,以致必须更换,因此应尽可能不运行删除零点的机器人或尽量减小手动倍率。

二、EMD(电子控制仪)

零点标定可以通过确定轴的机械零点的方式进行。KUKA 机器人提供 EMD(电子控制仪)工具来进行零点标定。在此过程中轴将一直运动,直至达到机械零点为止。这种情况

出现在探针到达测量槽最深点时。因此，每根轴都配有一个零点标定套筒和一个零点标定位置。校准流程如图 3-26 所示，正在使用的 EMD 如图 3-27 所示。

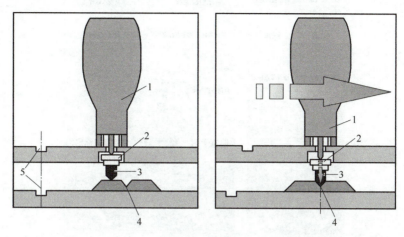

图 3-26　校准流程

1—EMD（电子控制仪）　2—测量套筒　3—探针　4—测量槽　5—零点标定位置

图 3-27　正在使用的 EMD

三、机器人零点标定方式

机器人零点标定方式如图 3-28 所示。

四、偏量学习

由于固定在法兰处的工具有重量，所以机器人承受着静态载荷，如图 3-29 所示。由于部件和齿轮箱上材料固有的弹性，未承载的机器人与承载的机器人相比，其位置上会有所区别，这将影响机器人的精度。

偏量学习应带负载进行。与首次零点标定（无负载）的差值被储存。如果机器人以各种不同负载工作，则必须对每个负载都进行偏量学习。对于抓取沉重部件的抓爪来说，必须对抓爪分别在不带构件和带构件时进行偏量学习。

只有经带负载校正而标定零点的机器人，才具有所要求的高精度。因此必须针对每种负载情况进行偏量学习。前提条件是工具的几何测量已完成，已分配了一个工具编号。

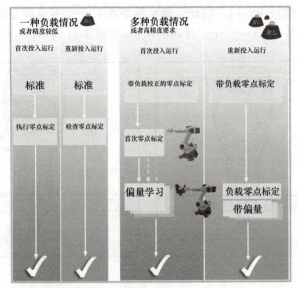

图 3-28　机器人零点标定方式

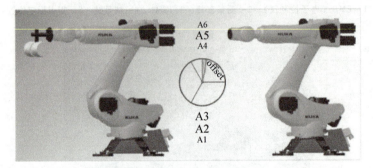

图 3-29　机器人静态载荷示意图

五、首次零点标定的操作步骤

机器人进行首次零点标定时不能安装工具和附加负载。零点标定套筒的位置如图 3-30 所示。具体操作步骤参考项目 1 技能训练 1 中"四、操作步骤"的相关内容。

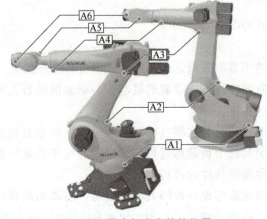

图 3-30　零点标定套筒的位置

六、偏量学习的操作步骤

1）将机器人置于预零点标定位置。

2）在主菜单中选择"投入运行"→"零点标定"→"EMD"→"带负载校正"→"偏量学习"。

3）输入工具编号，用"工具 OK"确认，随即打开一个窗口，所有工具尚未学习的轴都显示出来，其中编号最小的轴已被选定。

4）从窗口中选定的轴上取下测量筒的防护盖，将 EMD 拧到测量筒上。然后将测量导线连到 EMD 上，并连接到底座接线盒的接口 X32 上。

5）单击"学习"。

6）按确认开关和启动键。

当 EMD 识别到测量槽的最深点时，说明已到达零点标定位置，机器人自动停止运行。随即打开一个窗口，该轴上与首次零点标定的偏差以增量和度的形式显示出来。

7）用"OK"键确认，该轴在窗口中消失。

8）将测量导线从 EMD 上取下，然后从测量筒上取下 EMD，并将防护盖重新装好。

9）对所有待偏量学习的轴重复步骤 3）~7）。

10）关闭窗口。

11）将测量导线从接口 X32 上取下。

七、带偏量的负载零点标定检查和设置的操作步骤

带偏量的负载零点标定在有负载的情况下进行。

1）将机器人移到预零点标定位置。

2）在主菜单中选择"投入运行"→"零点标定"→"EMD"→"带负载校正"→"负载零点标定"→"带偏量"。

3）输入工具编号，用"工具 OK"确认。

4）取下接口 X32 上的盖子，然后将测量导线连接上。

5）从窗口中选定的轴上取下测量筒的防护盖，翻转过来的 EMD 可用作螺钉旋具。

6）将 EMD 拧到测量筒上。

7）将测量导线接到 EMD 上。在此过程中，将插头的红点对准 EMD 内的槽口。

8）单击"检查"。

9）按住确认开关并按下启动键。

10）需要时，使用"保存"来存储这些数值。旧的零点标定值因而被删除。如果要恢复丢失的首次零点标定，必须保存这些数值。

11）将测量导线从 EMD 上取下，然后从测量筒上取下 EMD，并将防护盖重新装好。

12）对所有待零点标定的轴重复步骤 3）~10）。

13）关闭窗口。

14）将测量导线从接口 X32 上取下。

3.1.7 本体安装与调整

一、本体安装位置及环境

工业机器人是精密机电设备，其运输和安装有着特别的要求，每一个品牌的工业机器

人都有自己的安装与连接指导手册，但大同小异。一般的安装流程如图3-31所示。

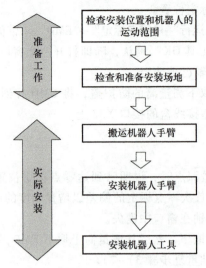

图3-31 安装流程

1. 检查安装位置和机器人的运动范围

安装工业机器人的第一步就是安装车间的全面考察，包括厂房布局、地面状况和供电电源等基本情况。然后就是通过手册，认真研究相应机器人的运动范围，从而设计布局方案，如图3-32所示，确保安装位置有足够机器人运动的空间。

在机器人的周围设置安全围栏，以保证机器人最大的运动空间，即使在臂上安装手爪或焊枪的状态也不会和周围的机器产生干扰。设置一个带安全插销的安全门。安全围栏设计布局要合理。控制柜、操作台等不要设置在看不见机器人主体动作的位置，以防异常发生时无法及时发现。

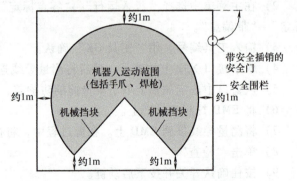

图3-32 机器人安装位置示意图

2. 检查和准备安装场地

（1）机器人本体的安装环境应满足的要求

1）当安装在地面上时，地面的水平度在+5°以内。

2）地面和安装座要有足够的刚度。

3）确保平面度以免机器人基座部分受额外的力。如果实在达不到，则可使用衬垫调整平面度。

4）工作环境温度必须在0～45℃。低温启动时，油脂或齿轮油的黏度大，将会产生偏差异常或超负荷，此时应实施低速暖机运转。

5）相对湿度必须在35%～85%之间，无凝露。

6）确保安装位置极少暴露在灰尘、烟雾和水环境中。

7）确保安装位置无易燃、腐蚀性液体和气体。

8）确保安装位置不受过大的振动影响。

9）确保安装位置最小的电磁干扰。

（2）基座的安装　安装机器人基座时，认真阅读安装连接手册，清楚基座安装尺寸、基座安装横截面和紧固力矩等要求，使用高强度螺栓通过螺栓孔固定。

（3）机器人架台的安装　安装机器人架台时，认真阅读安装连接手册，清楚架台安装尺寸、架台安装横截面和紧固力矩等要求，使用高强度螺栓通过螺栓孔固定。

二、搬运及安装机器人本体

1. 搬运、安装和保管注意事项

1）当使用起重机或叉车搬运机器人时，绝对不能人工支撑机器人机身。

2）搬运中，绝对不要趴在机器人上或站在提起的机器人下方。

3）在开始安装之前，务必断开控制器电源及外部电源，设置施工中标志。

4）开动机器人时，务必在确认其安装状态正常后，再接通电动机电源，并将机器人的手臂调整到指定的姿态，此时注意不要接近手臂或被夹紧挤压。

5）机器人机身是由精密零件组成的，所以在搬运时，务必避免让机器人受到过分的冲击和振动。

6）用起重机和叉车搬运机器人时，应事先清除障碍物，以确保安全地搬运到安装位置。

7）搬运及保管机器人时，其周边环境温度为 10~60℃，相对湿度为 35%~85%，无凝露。

2. 安装机器人手臂

1）机器人基座直接安装在地面时，将 28mm 以上厚度的铁板埋入混凝土地面中或用地脚螺栓固定，如图 3-33 所示。此铁板必须尽可能地稳固，以经受得住机器人手臂的反作用力。L_1、L_2 有具体的要求，不同型号机器人的跌倒力矩 M、旋转力矩 T、安装螺栓尺寸、紧固力矩等不同，应查阅安装连接手册。

2）机器人架台安装在地面时，如图 3-34 所示。与机器人基座直接安装在地面上时的要领几乎相同。不同型号机器人的跌倒力矩 M、旋转力矩 T、架台质量、安装螺栓尺寸、紧固力矩、L、L_1、L_2 等不同，应查阅安装连接手册。

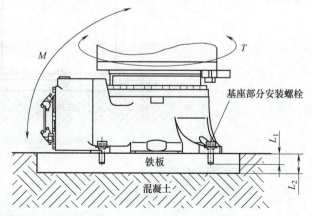

图 3-33　机器人基座安装示意图

3）机器人底板安装在地面时，如图 3-35 所示。用螺栓孔安装底板在混凝土地面或铁板上。不同型号机器人的跌倒力矩 M、旋转力矩 T、底板质量、底板安装孔、底板尺寸等不同，应查阅安装连接手册。

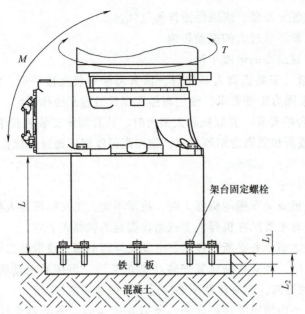

图 3-34 机器人架台安装示意图

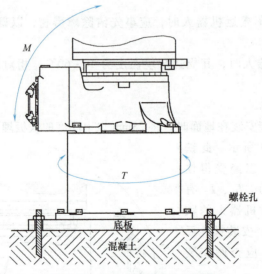

图 3-35 机器人底板安装示意图

三、工业机器人的紧固

1. 常用紧固工具（见表 3-4）

表 3-4 常用紧固工具

扳手	活扳手		主要用来紧固和起松不同规格的螺母和螺栓

（续）

扳手	呆扳手	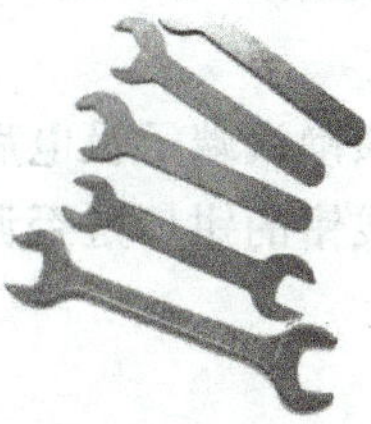	分为双头呆扳手和单头呆扳手,其中转动一端方向只能是拧紧螺栓,而另一端只能是拧松螺栓
	梅花扳手	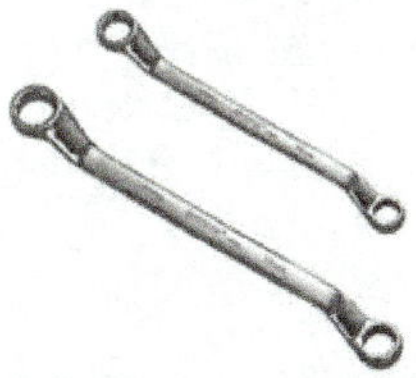	两端呈花环状,其内孔是两个正六边形相互同心错开30°。主要用在补充拧紧和便于拆卸装配在凹陷空间的螺栓和螺母,并可以为手指提供操作间隙,防止擦伤,并可使用它对螺栓或螺母施加大扭矩
	套筒扳手	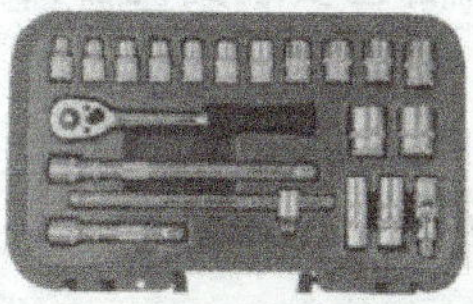	由多个带六角孔或十二角孔的套筒组成,并配有手柄、接杆等多种附件
	扭力扳手		一种带有扭矩测量机构的拧紧工具。主要用在紧固螺栓和螺母等螺纹紧固件时需要控制施加的力矩大小,以保证不因力矩过大而破坏螺纹
	内六角扳手		主要用于有六角插口的螺钉工具,通过扭矩施加对螺钉的作用力。该扳手呈L形,一端是球头,一端是方头,球头部可斜插入工件的六角孔
钳子		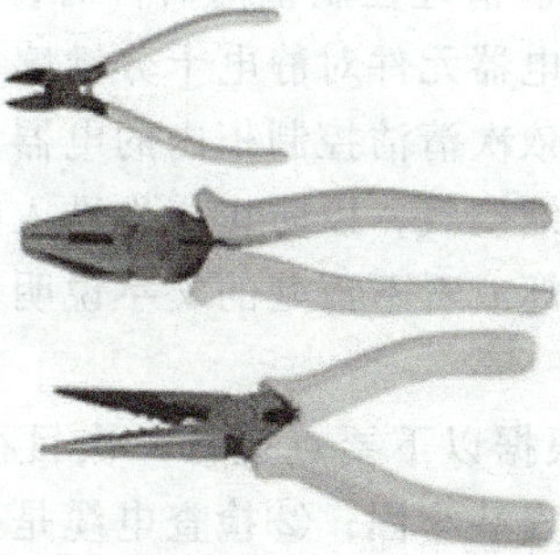	分为轴用挡圈装卸用钳子和孔用弹性挡圈装卸用钳子

2. 紧固注意事项

1) 使用扳手紧固螺钉时，应注意用力，拧紧力要合适，不能用力扳，当心扳手滑脱螺钉伤手。

2) 使用螺钉旋具紧固或拆卸接线时，必须确认端子没电后才能紧固或拆卸。

3) 使用剥线钳剥线时，应该经常检查剥线钳的钳口是否调节太紧，以免损坏电线。

3.2 工业机器人系统保养

3.2.1 本体与控制柜的保养

一、本体的除尘清洁

1. 清洁机器人时的注意事项

1) 关闭控制柜所有的电源，然后进入机器人的工作空间进行清洁工作。

2) 清洁前，务必先检查是否所有保护盖都已安装到机器人上。

3) 切勿将清洗水柱对准连接器、接点、密封件或垫圈。

4) 切勿使用压缩空气清洁机器人。

5) 切勿使用未获厂家批准的溶剂清洁机器人。

6) 喷射清洗液的距离切勿低于0.4m。

7) 清洁机器人之前，切勿卸下任何保护盖或其他保护设备。

2. 本体中空手腕的清洁

如有必要，本体中空手腕视需要经常清洗，以避免灰尘和颗粒物堆积。注意要用不起毛的布料进行清洁。手腕清洗后，可在手腕表面添加少量凡士林或类似物质，以后清洗时将更加方便。

3. 紧固螺钉和固定夹的清洁

将机械手固定于基础上的紧固螺钉和固定夹必须保持清洁，不可接触水、酸碱溶液等腐蚀性液体，以避免紧固件的腐蚀。如果镀锌层或涂料等防腐蚀保护层受损，需清洁相关零件并涂以防腐蚀涂料。

二、控制柜的保养

应根据环境条件按保养周期间隔清洁控制柜内部，见表3-5。保养时应关断控制柜的旋转开关，切断机器人控制系统的总电源。清理控制柜内器件时，一定要遵守ESD准则，需带防静电手环或类似器件。控制柜内的电器元件对静电十分敏感，有可能会损坏电器元件。按照从上往下、先正面后背面的顺序依次清洁控制柜内的电器元件。清洁控制柜内电器元件时，只可使用吸尘器，不得使用压缩空气，以防止灰尘进入电器元件内；要注意连接线缆，不得扯断或拉松电线；更换已损坏或看不清楚的文字说明和铭牌，补充缺失的说明和铭牌。

执行保养清单中某项工作时，必须根据以下要点进行一次目视检查：①检查保险装置、接触器、插头连接及印制电路板是否安装牢固；②检查电缆是否损坏；③检查接地电位均衡导线的连接。

表 3-5 控制柜保养周期

周期	任务
6 个月	检查使用的 SIB 和/或 SIB 扩展型继电器输出端功能是否正常
最迟 1 年	根据装配条件和污染程度,用刷子清洁外部风扇的保护栅栏
最迟 2 年	根据安置条件和污染程度,用刷子清洁换热器
	根据安置条件和污染程度,用刷子清洁内部风扇
	根据安置条件和污染程度,用刷子清洁 KPP、KSP 的散热器和低压电源件
	根据安置条件和污染程度,用刷子清洁外部风扇
5 年	更换主板电池
5 年(三班运行情况下)	更换控制系统 PC 的风扇
	更换外部风扇
	更换内部风扇
根据蓄电池监控的显示	更换蓄电池
压力平衡塞变色时	视安置条件及污染程度而定,检查压力平衡塞外观,白色滤芯颜色改变时必须加以更换

三、冷却循环系统的清洁

要特别注意冷却风扇和进风口、出风口清洁。清洁时使用除尘刷,并用吸尘器吸去刷下的灰尘。请勿用吸尘器直接清洁各部件,否则会导致静电放电,进而损坏部件。

注意:清洁控制器内部前,一定要切断电源。

1)检查控制柜的密封条和线缆进线口的密封,确保灰尘和水汽不能渗透到控制柜内。打开控制柜背面板,拆下控制柜背面出风口的滤网,使用毛刷清洁滤网,清理完毕后装回原处。

2)检查冷却循环系统的风扇,若需清理风扇,则使用吸尘器清洁风扇,注意不得使用压缩空气。上述步骤完成后,装好控制柜,打开旋转开关,检查风扇是否工作正常,无误后,关闭旋转开关,完成控制柜冷却循环系统的清洁。

3)清洗、更换滤网:①找到控制柜背部的滤布;②提起并去除滤布架;③取下滤布架上的旧滤布;④将新滤布插入滤布架;⑤将装有新滤布的滤布架滑入就位。

除更换滤布外,还可选择清洗滤布。具体做法如下:在加有清洁剂的 30~40℃水中,清洗滤布 3~4 次。不得拧干滤布,可放置在平坦表面晾干,还可以用洁净的压缩空气将滤布吹干。

四、机器人各轴润滑保养

不同的工业机器人,保养工作是有差异的,这里以库卡机器人为例。设备交付后,要按照规定的保养期限或者每 5 年一次进行润滑。例如,保养期限为运行 1 万小时(运行时间)时,要在运行 1 万小时或者最迟于设备交付 5 年(视哪个时间首先达到)后,进行首次保养(换油)。当然,不同的工业机器人有不同的保养期限。如果机器人配有拖链系统(选项),则还要执行附加的保养工作。

注意:只允许使用库卡机器人有限公司许可的润滑剂。未经批准的润滑材料会导致组件提前出现磨损和发生故障。如果运行中油温超过 333K(60℃),则要相应缩短保养期限。排油时要注意，排出的油量与时间和温度有关。必须测定放出的油量，只允许注入同等油量的油，放出的油量是首次注入齿轮箱的实际油量。若流出的量少于所给油量的70%，则用测定的排出油量的油冲洗齿轮箱，然后再加注相当于放出油量的油。在冲洗过程中，以手动移动速度在整个轴范围内运动轴。

1. 更换轴1的齿轮箱油

（1）前提条件　机器人所处的位置（-90°）应可以让人接触到轴1齿轮箱上的维修阀。齿轮箱处于暖机状态。

如果要在机器人停止运行后立即换油，则必须考虑到油温和表面温度可能会导致烫伤，应戴上防护手套。

机器人意外运动可能会导致人员受伤及设备损坏。如果在可运行的机器人上作业，则必须通过触发紧急停止装置锁定机器人。在重新运行前，应向参与工作的相关人员发出警示。

（2）排油步骤

1）拧下维修阀4上的密封盖，如图3-36所示。

2）将排油软管1的锁紧螺母拧到维修阀4上，拧上锁紧螺母时会打开维修阀4，油可以流出。

3）通过缺口可以接触到维修阀4，它位于转盘5的下方。

4）将集油罐2放到排油软管1的下方。

5）旋出电动机塔上的两个排气螺栓6。

6）排油。

7）测定排出的油量，以适当的方式存放或清除油。

（3）加油步骤

1）拆下排油软管并将油泵（库卡货号00-180-812）连接至维修阀。

2）运行油泵，并通过排油软管加入规定的油量。

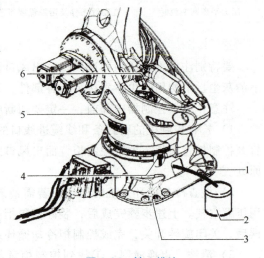

图3-36　轴1排油

1—排油软管　2—集油罐　3—底座
4—维修阀　5—转盘　6—排气螺栓

3）装上并拧紧两个排气螺栓1，如图3-37所示。

4）在油位指示器2上检查两个刻度中间的油位。

5）10min后重新检查油位，必要时加以校正。

6）拧开并拆下维修阀上的油泵。

7）拧上维修阀上的密封盖。

8）检查维修阀是否密封。

2. 更换轴2的齿轮箱油

（1）前提条件　机器人所处的位置应可以让人接触到轴2的油管。轴2位于-105°位置。齿轮箱处于暖机状态。

(2) 排油步骤

1) 拧下排油软管上的锁紧螺母 1、6，如图 3-38 所示。

图 3-37 轴 1 油位指示

1—排气螺栓 2—油位指示器 3—轴

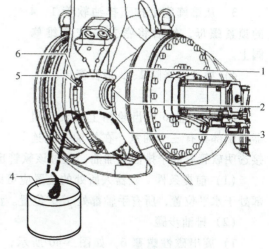

图 3-38 轴 2 换油

1、6—锁紧螺母 2、5—螺纹管接头 3—轴 4—集油罐

2) 将流出的油排放到集油罐 4。

3) 以适当的方式存放或清除排出的油。

(3) 加油步骤

1) 通过两个排油软管加油，直至油从两个螺纹管接头 2、5 处流出。

2) 10min 后检查油位，必要时进行添加。

3) 装上并拧紧排油软管的锁紧螺母 1、6。

4) 检查锁紧螺母 1、6 是否密封。

3. 更换轴 3 的齿轮箱油

在维修阀上连接透明软管有助于排油和加油。通过这些软管可以排油、加油以及检查油。

(1) 前提条件 机器人所处的位置应可以让人接触到轴 3 的齿轮箱。轴 3 的位置与水平位置的夹角为 -25°。齿轮箱处于暖机状态。

(2) 排油步骤

1) 拧下维修阀 2、3 上的密封盖，如图 3-39 所示。

2) 将排油软管 1、4 的锁紧螺母拧到维修阀 2、3 上，拧上锁紧螺母时会打开维修阀，油可以流出。

3) 将集油罐 5 放到排油软管 4 的下方。

4) 排油。

5) 以适当的方式存放或清除排出的油。

(3) 加油步骤

1)通过排油软管 4 加油,直至可以在维修阀 2 上看到油位为止。

2)10min 后重新检查油位,必要时加以校正。

3)从维修阀上拧下排油软管 1、4 的锁紧螺母,然后将密封盖拧到维修阀上。

4)检查维修阀 2、3 是否密封。

4. 更换手腕的齿轮箱油

在轴 4~轴 6 的齿轮箱上换油。机器人腕部具有三个油室,在排油孔上连接透明软管有助于排油和加油,通过该软管也可以重新加油。

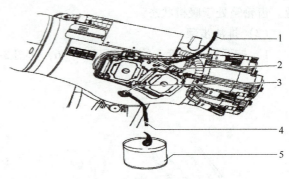

图 3-39 轴 3 换油
1、4—排油软管 2、3—维修阀 5—集油罐

(1)前提条件 机器人所处的位置应可以让人接触到机器人腕部的齿轮箱。机器人腕部处于水平位置,所有手轴都处于 0°位置。齿轮箱处于暖机状态。

(2)排油步骤

1)旋出磁性螺塞 6,如图 3-40 所示,然后旋入排油软管 8。

2)将集油罐 7 放到排油软管 8 下。

3)旋出磁性螺塞 1,然后收集流出的油。

4)测定排出的油量,以适当的方式存放或清除油。

5)检查磁性螺塞 1、6 有无金属残留物,然后进行清洁。

6)旋出磁性螺塞 5,然后旋入排油软管 8。

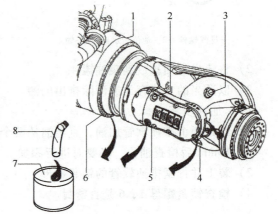

图 3-40 手轴换油
1~6—磁性螺塞 7—集油罐 8—排油软管

7)将集油罐 7 放到排油软管 8 下。

8)旋出磁性螺塞 2,然后收集流出的油。

9)检查磁性螺塞 2、5 有无金属残留物,然后进行清洁。

10)旋出磁性螺塞 4,然后旋入排油软管 8。

11)将集油罐 7 放到排油软管 8 下。

12)旋出磁性螺塞 3,然后收集流出的油。

13)检查磁性螺塞 3、4 有无金属残留物,然后进行清洁。

(3)加油步骤

1)按照排油量重新通过排油软管加油。

2)拧上磁性螺塞 1(M27×2),然后用 30N·m 的转矩拧紧。

3)旋出排油软管 8 并拧上磁性螺塞 6(M27×2),然后用 30N·m 的转矩拧紧。

4）通过排油软管在轴 5 上加油，直至从上面的孔流出。

5）10min 后重新检查油位，必要时加以校正。

6）旋出排油软管并拧上磁性螺塞 5（M27×2），然后用 30N·m 的转矩拧紧。

7）拧上磁性螺塞 2（M27×2），然后用 30N·m 的转矩拧紧。

8）通过排油软管在轴 6 上加油，直至从上面的孔流出。

9）10min 后重新检查油位，必要时加以校正。

10）拧上磁性螺塞 3（M27×2），然后用 30N·m 的转矩拧紧。

11）旋出排油软管并拧上磁性螺塞 4（M27×2），然后用 30N·m 的转矩拧紧。

12）检查所有磁性螺塞的密封性。

五、查看和填写保养手册

在库卡系统软件中提供功能保养手册，通过保养手册可以记录保养。

当应进行某项保养时，机器人控制系统会用提示信息提醒用户对此注意。

执行保养的时间到达前的一个月会显示一条提示信息，可以对该提示信息进行确认。一个月过后，机器人控制系统又会显示一条信息，提醒应进行这项保养，这时无法对该提示信息进行确认。除此之外，控制系统面板上的指示灯 LED4（即下面一排从左起的第一个 LED 指示灯）会闪烁。只有当对相应的保养进行了记录后，机器人控制系统才将该提示信息隐藏，LED 指示灯才停止闪烁。

执行保养的时间取决于 KUKA 保养合同中的保养周期。保养周期从机器人控制系统首次投入运行的时间开始算起。只计算机器人的运行时间。

1. 对保养进行记录

1）登录到专家用户组。

2）在主菜单中选择"投入运行"→"售后服务"→"保养手册"，"保养手册"窗口自动打开。

3）选择"保养输入"选项卡，如图 3-41 所示，填写有关保养的数据。必须填写所有栏目。

4）单击"保存"按钮，会显示一个安全询问。

5）如果所有的数据都正确，单击"是"回答安全询问。

这些数据即被保存。如果切换到"保养总览"选项卡，则在其中显示该项保养。

图 3-41 中各项目说明：

① 保养类型：选择执行了哪一类型的保养。

② 执行者/公司：输入谁执行了保养。

③ 订单号：对于由库卡机器人有限

图 3-41 "保养手册"窗口中的"保养输入"选项卡

公司员工执行和记录的保养，填写订单号；对于其他人员执行的保养，填写任意一个号码。

④ 注释：填写相关注释。

2. 显示保养记录

所记录的保养可以以一览表的形式显示出来。库卡系统软件升级时，该一览表仍然保留。

如果进行存档，则所记录的保养始终跟着一起存档。如果要还原数据，并且在此之前在机器人控制系统上又记录了其他的保养，则这些记录不仅不会被覆盖，反而还会用还原的记录对一览表进行补充。

1）在主菜单中选择"投入运行"→"售后服务"→"保养手册"，"保养手册"窗口自动打开。

2）选择"保养总览"选项卡，如图 3-42 所示。

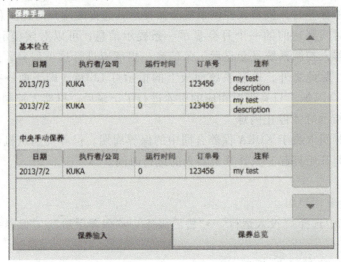

图 3-42　"保养手册"窗口中的"保养总览"选项卡

3.2.2　末端执行器的保养

机器人工具是由工具供应商根据客户不同的需要制作的，所以机器人工具的周期保养应根据工具供应商所提供的相关资料进行。

一、夹持式末端执行器

夹持式末端执行器如图 3-43 所示。主要维护与保养有：①夹具检测磁环开关是否正常，没夹到产品时是否报警；②检查各个行程开关控制挡块的设定螺栓有无锁紧、是否松动；③定期重新调整各动作的运行速度；④确定管线有无破裂或电线连接是否松动、松脱。

二、吸附式末端执行器

吸附式末端执行器如图 3-44 所示，可采用气动控制的吸附式末端执行器，如吸盘，主要维护与保养有：①检查气动管路的系统压力是否正常，气缸、管路和连接件是否有泄漏，如发现问题及时修复，以防发生事故；②检查气路管件、调节阀和三通等连接是否牢固；③检查抓手动作是否正常。

项目3 工业机器人运行维护与保养

图 3-43 夹持式末端执行器

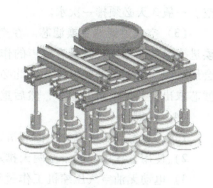
图 3-44 吸附式末端执行器

三、专用工具

专用工具包括焊枪、喷嘴和电磨头等。焊接机器人焊枪的维护与保养计划如下：

1）送丝机构。包括送丝力矩是否正常，送丝导管是否损坏，有无异常报警。
2）气体流量是否正常。
3）焊枪安全保护系统是否正常（禁止关闭焊枪安全保护工作）。
4）水循环系统工作是否正常。
5）测试 TCP（建议编制一个测试程序每班交接后运行）。
6）检查软管束及导丝软管有无破损及断裂（建议取下整个软管束用压缩空气测试）。

3.2.3 周边设备的保养

一、外部电缆的使用和保养

可移动电缆需要能自由移动：

1）如果沙、灰和碎屑等废弃物妨碍电缆移动，则将其清除。
2）如果电缆有硬皮（例如干性脱模剂硬皮），则进行清洁。

二、空气压缩机的使用和保养

空气压缩机使用时应保持周围环境的清洁、干燥、通风，避免阳光直接照射，放置在平整牢固的地面上，以防止机器在工作时移位。

1. 维护保养

（1）储气罐排水　空气压缩机在运转时，将空气压缩后，水分会在冷凝器和储气罐中凝聚。凝集过多的水分将会影响储气罐内的空气质量，并直接影响用气器具的正常工作，因此必须及时排除储气罐内的积水，排水周期视环境条件与使用时间的长短而定，一般每3天排水一次。

排水方法是：在储气罐内有一定压力时，缓慢地沿逆时针方向旋转排水阀的调节手柄，使积水从排水阀通过排污软管排放，直至积水放完为止。放完水后，再沿顺时针方向拧紧排水阀的手柄，并保证不漏气。

（2）过滤器排水　选配安装自动排水过滤器的，将排水软管插入过滤器底部接头。

排水方法是：当过滤减压阀水杯中的水快到水杯中部时，先关断电源，然后将储气罐下部的排水阀打开，将其内部的压力降到0MPa，这样过滤减压阀水杯中的水便会自动排空。一般3天必须排一次水。

（3）空气过滤器更换滤芯 在空气压缩机吸气口设有空气过滤器，以防止空气中的尘埃进入空气压缩机，并具有消声的作用。空气过滤器的滤芯在使用一段时间后易堵塞，这会影响空气压缩机的吸气量，因此必须定期更换滤芯。更换方法为打开吸气消声器盖，将滤芯取出，并换上新的滤芯，然后重新盖上、装好即可。

（4）保养

1）无油空气压缩机为无油润滑，严禁加注任何润滑油。

2）使用过程中应隔一至两天排水一次，并清洗消声过滤器。

3）电动无油空气压缩机工作过程中，如果突然停机且短时间内不能重新启动（电压正常），可能是由于空气压缩机机头长时间工作电动机过热，电动机热保护器自动断开电源以保护电动机，此种情况属正常现象，待温度降低压缩机会自动启动，继续工作。

4）电动无油空气压缩机不能正常启动，应检查电源是否正常，电源插头接触是否良好，若这些都正常，则可能是电动机本身或控制系统故障。

2. 注意事项

1）在工作过程中，确保在整个所能移动到的行程范围内，不得有能够触及的物品存在。

2）储气罐要定期排水，一般一两天排水一次。储气罐内排出的污水应按照用户当地法律法规要求进行处理。

3）经常清洗消声器。

4）更换电器元件时，必须切断电源。

5）对机器进行保养和清洁时，必须先切断电源。

6）未经过培训的人员，禁止使用电动无油空气压缩机，以免出现错误操作。

7）电动无油空气压缩机必须由经过培训的专业维修人员进行维修。

8）老年人、小孩、智力障碍者和精神病患者一定要有专人监护，避免其操控电动无油空气压缩机造成伤害。

9）在明知或应当预见电动无油空气压缩机可能对人员造成伤害的情况下，禁止使用电动无油空气压缩机。

10）电动无油空气压缩机退役后，电容及电子元件的处理应符合用户当地的法律和法规。

11）安装使用两个月后，必须对电动无油空气压缩机的各连接螺栓进行检查，如有松动必须立即进行紧固。以后每隔半年检查一次。

12）电动无油空气压缩机，严禁加注任何润滑油。

13）电动无油空气压缩机维修时，应将储气罐内压力排出后才能进行维修。

14）电动无油空气压缩机在移动或运输前要排出储气罐内压力。

15）电动无油空气压缩机储气罐使用六年后，要对储气罐进行耐压试验。

16）若在运输过程中损坏了电动无油空气压缩机机头，则应将安全阀、压力表、压力控制器和储气罐等相关零部件送到当地相关部门检验或者反馈经销商进行维修更换。

3.3 工业机器人运行维护与保养技能训练实例

技能训练1 工业机器人的系统运行基本操作

一、训练要求

工业机器人在硬件安装完成之后,并且已掌握了机械系统的检查与诊断以及电气系统的检查与诊断,需要对机器人进行基本的运行操作,以确保之前所做的安装或保养工作没有问题。

具体要求如下:
1)能接通以及关闭机器人控制器。
2)能用示教器进行机器人的基本操作。
3)能正确调用程序,能加载离线程序。
4)能正确进行零点标定。
5)能正确安装调整机器人本体。

二、设备及工具清单

根据实际需求,选择设备及工具,见表3-6。

表3-6 设备及工具清单

序号	名称	规格	数量	备注
1	机器人本体	KUKA	1	
2	控制柜	KR C4	1	
3	示教器	KCP	1	
4	计算机	安装WorkVisual软件	1	

三、评分标准

评分标准见表3-7。

表3-7 评分标准

项目	评分点	配分	评分标准	扣分	得分
控制系统的启动和关闭	正确启动设备	1	未能正确启动,扣1分		
	正确关闭系统	1	未正确关闭系统或操作顺序不对,扣1分		
查看、确认示教器提示报警信息	正确打开提示信息	1	不能打开提示信息查看,扣1分		
	确认信息关闭窗口	1	未能关闭窗口,扣1分		
设置运行方式	选择运行模式	2	未能完成模式选择不得分,切换模式后未扭回钥匙开关扣1分		

(续)

项目	评分点	配分	评分标准	扣分	得分
手动移动机器人	用功能键操作机器人各轴运动	5	未能使用功能键手动移动机器人任何轴扣5分。6个轴有一个没按要求移动扣1分,扣完为止		
	用3D鼠标操作机器人各轴运动	5	未能使用3D鼠标手动移动机器人任何轴扣5分。6个轴有一个没按要求移动扣1分,扣完为止		
检查机器人安装位置及零点位置	最大限度移动机器人轴,检查安装位置是否合适	1	不能正确判断机器人安装位置是否合理扣1分		
	检查各轴零点位置是否准确	6	每错一个轴扣1分		
用示教器控制末端执行器动作	使用示教器操作末端工具动作	1	未正确操作末端执行器开启扣1分		
		1	未正确操作末端执行器关闭扣1分		
加载程序	能正确加载程序及离线程序	1	未能正确加载程序扣1分		
		1	未能正确使用计算机加载离线程序扣1分		
职业素养和安全规范	安全	1	现场操作安全保护符合安全规范操作流程,未损坏设备		
	防护	1	绝缘鞋、安全帽等安全防护用品穿戴合理		
	职业素养	1	1)遵守考核纪律,尊重考核人员 2)爱惜设备器材,保持工作的整洁		

注:考核中出现任何事故及安全问题均停止考核,成绩按0分处理。

四、操作步骤

1. 控制系统的启动和关闭

(1) 控制系统的启动　在符合安全规范及做好安全防护的情况下,按照以下流程开启机器人控制系统。

1) 转动外部操作面板上的电源启动/停止钥匙开关。

2) 打开控制柜上的电源开关,与之相连接的示教器会开启并初始化直到完成机器人控制系统启动。

3) 按下外部操作面板上的安全门确认按钮。

（2）控制系统的关闭　当需要关闭机器人控制系统时，一方面要关闭相关的周边设备，该操作为转动外部操作面板上的电源启动/停止钥匙开关；另一方面要关闭工业机器人控制系统，在关闭工业机器人控制系统之前，应先将机器人移动至 HOME 位。

方法一：从菜单窗口关闭

1）登录到专家用户组。

2）在主菜单中选择"关机"选项。

3）在"关机"选项卡中找到关闭操作，如图 3-45 所示。

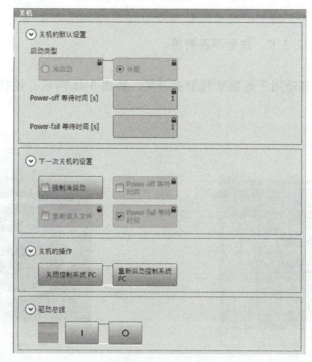

图 3-45　"关机"选项卡

4）按下"关闭控制系统 PC"。

5）在弹出的确认安全询问窗口选择"是"，如图 3-46 所示。

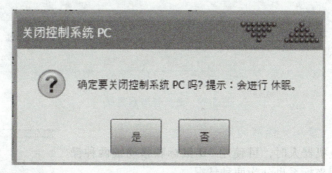

图 3-46　关闭确认窗口

6）等待系统关闭之后，将控制柜上的电源开关转到 OFF 即关闭系统，如图 3-47 所示。

使用这种方法关闭或重启系统，可以有效保护电池。

方法二：直接断电关闭

直接将机器人控制柜的电源开关切换到 OFF 位置。

在关机过程中，机器人控制系统将自动备份数据。如果配置了 Power-off 等待时间，则机器人控制系统在该时间过去以后才关机。因此，短暂的关断电源可借助于这一等待时间被桥接。之后仅需确认故障信息并且程序可继续进行。等待时间过程中，机器人控制系统由蓄电池供电。

2. 查看、确认示教器提示报警信息

相关内容参考 2.2.3 节，这里不再赘述。

3. 设置运行方式

1）在示教器上转动用于连接管理器的开关，如图 3-48 所示；连接管理器随即显示，如图 3-49 所示。

图 3-47 电源开关

图 3-48 连接管理器开关

2）在连接管理器界面（见图 3-49）选择运行方式。

3）将用于连接管理器的开关再次转回初始位置。

所选的运行方式会显示在示教器的状态栏中，如图 3-50 所示。

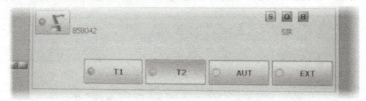

图 3-49 连接管理器界面

4. 手动移动机器人坐标系的选择

手动移动工业机器人时，可使用 3D 鼠标和移动键两种操作方法，所以选用坐标系也分为两种情况。

1）使用 3D 鼠标时，通过触摸屏幕中的 3D 鼠标状态显示

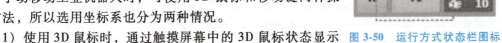

图 3-50 运行方式状态栏图标

图标,如图 3-51 所示,在弹出的菜单中为 3D 鼠标选择坐标系。

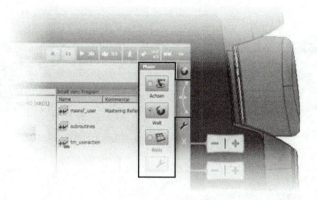

图 3-51　3D 鼠标坐标系状态栏

2)使用移动键时,通过触摸屏幕中的运行键状态显示图标,如图 3-52 所示,在弹出的菜单中为运行键选择坐标系。

如果是选择工具坐标系,则需要在状态栏的基坐标/工具的状态显示选项中选择已建立的工具/基坐标,如图 3-53 所示。

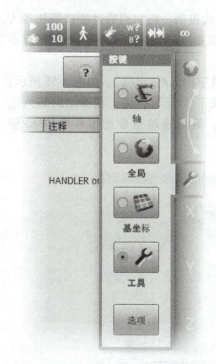

图 3-52　运行键坐标系状态栏

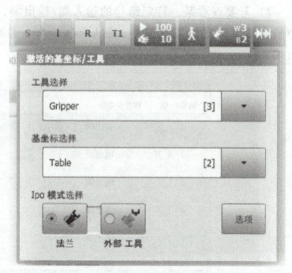

图 3-53　"激活的基坐标/工具"窗口

5. 检查机器人安装位置及零点位置

使用测量工具测量机器人安装位置是否正确,是否符合安装要求;调整机器人各轴的位置,使各轴的零点刻线对齐,然后使用示教器在主菜单中选择"显示"→"实际位置"→

"轴",查看显示的各轴角度是否为 0°,如图 3-54 所示,以此判断机器人的零点位置是否准确。

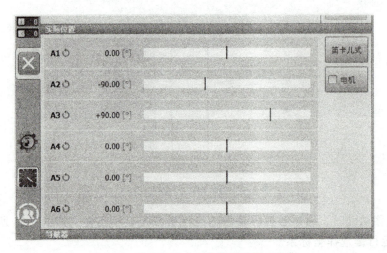

图 3-54 检查机器人安装位置及零点位置

6. 用示教器控制末端执行器动作

一般情况下,末端执行器通过电磁阀和电磁铁等方式控制,将它们通过接口模块接入工业机器人的数字输出端,所以对末端执行器的操作就是使用示教器打开、关闭相应器件。操作方法如下:

1)在主菜单中选择"显示"→"输入/输出端"→"数字输入/输出端",如图 3-55 所示。

2)若要查看某一特定编号的输入端/输出端,则按下"至"按键,在弹出的输入框中输入需要查看的工具编号,然后按<Enter>键确认,显示将跳至带此编号的输入/输出端。

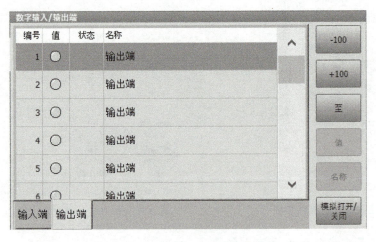

图 3-55 "数字输入/输出端"窗口

图 3-55 中各按键的说明见表 3-8。

表 3-8 图 3-55 中各按键的说明

按键	说明
-100	在显示中切换到之前的 100 个输入或输出端
+100	在显示中切换到之后的 100 个输入或输出端
至	可输入需搜索的输入或输出端编号
值	将选中的输出端在 TRUE 和 FALSE 之间转换。前提条件：确认开关已按下；而在 EXT（外部自动运行）方式下无此按键可用，且在模拟接通时才能用于输入端
名称	选中的输入/输出端名称可更改

如果需要操作某一末端执行器，只需要找到其所连接的输出端编号，选中后半按使能键，同时按下"值"按键即可操作对应的末端执行器动作。

7. 加载程序

启动机器人程序的操作步骤如下：

1) 选择程序，如图 3-56 所示。
2) 设定程序速度（即程序倍率，POV），如图 3-57 所示。

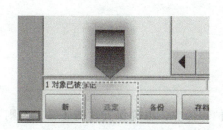

图 3-56 选择程序

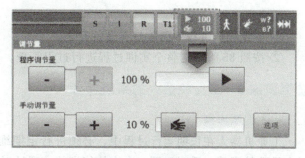

图 3-57 POV 设置

3) 按确认键。
4) 按住启动键，程序初始化后，机器人执行 BCO 运行，如图 3-58 所示。

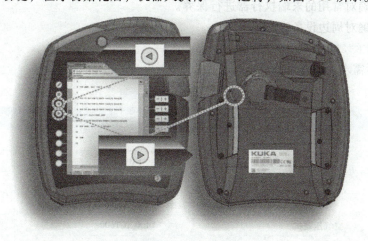

图 3-58 程序运行方向：向前/向后

5）到达目标位置后运动停止，将显示提示信息"已达 BCO"。

6）其他流程（根据设定的运行方式）：

T1 和 T2：半按使能键同时按启动键继续执行程序。

AUT：激活驱动装置，然后按 Start（启动）启动程序。驱动器状态窗口如图 3-59 所示。

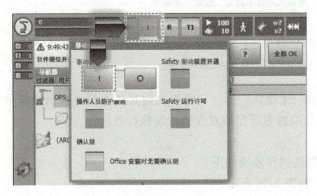

图 3-59　驱动器状态窗口

注意事项如下：

① 确保操作过程中的人身和设备安全。

② 按照 8S 管理对整个实训过程进行过程管理。

技能训练 2　工业机器人的系统保养

一、训练要求

工业机器人在长期运行过程中，必须进行定期维护和保养，以确保其功能正常，否则就会导致精度等一系列问题。本次技能训练主要针对工业机器人系统保养方面进行。

具体要求如下：

1）能正确对工业机器人本体及控制柜进行保养。

2）能正确对常用的末端执行器进行保养。

3）能正确对周边设备进行保养。

二、设备及工具清单

根据实际需求，选择设备及工具，见表 3-9。

表 3-9　设备及工具清单

序号	名称	规格	数量	备注
1	机器人本体	KUKA	1	
2	控制柜	KR C4	1	
3	示教器	KCP	1	
4	计算机	安装 WorkVisual 软件	1	
5	空气压缩机	DLX-ACT600	1	
6	内六方扳手	M3、M4、M5、M6、M8、M10、M12、M14、M16	1	套

(续)

序号	名称	规格	数量	备注
7	螺钉旋具（一字和十字）	M6	1	
8	抹布		1	
9	润滑油	厂家指定		

三、评分标准

评分标准见表 3-10。

表 3-10 评分标准

项目	评分点	配分	评分标准	扣分	得分
检查本体及控制柜的电气连接	检查电气连接线路捆扎	1	未捆扎或者捆扎不规范扣 1 分		
	检查电气线路是否有松动	1	未能先断开电源或者线路有松动扣 1 分		
本体及控制柜的清洁除尘	清洁机器人本体	5	清理不完全或造成损坏，扣 5 分		
	清理机器人控制柜	5	清理不完全或造成损坏，扣 5 分		
机器人各轴的润滑换油保养	正确对六个轴进行润滑	12	少一个轴扣 2 分		
机器人末端执行器的保养	清理末端执行器	3	未能按照规范正确清理或造成损坏，扣 3 分		
	检查末端执行器功能	3	不能正确检查末端执行器功能，扣 3 分		
机器人周边设备的保养	清理周边设备	3	未能按照规范正确清理或造成损坏，扣 3 分		
	检查周边设备功能	4	不能正确检查周边设备功能扣 4 分，少检查一个设备扣 1 分		
职业素养和安全规范	安全	1	现场操作安全保护符合安全规范操作流程，未损坏设备		
	防护	1	绝缘鞋、安全帽等安全防护用品穿戴合理		
	职业素养	1	1）遵守考核纪律，尊重考核人员 2）爱惜设备器材，保持工作的整洁		

注：考核中出现任何事故及安全问题均停止考核，成绩按 0 分处理。

四、操作步骤

工业机器人保养检修内容及步骤如下：

1）检查本体及控制柜的电气连接。
2）本体及控制柜的清洁除尘。
3）机器人各轴的润滑换油保养。
4）机器人系统校准。
5）机器人末端执行器的保养。
6）机器人周边设备的保养。
7）打扫周围卫生。

注意事项如下：

① 确保操作过程中的人身和设备安全。
② 保养检修之后不能导致设备出现新的故障情况。

复习思考题

1. 简述工业机器人示教器的作用及特点。
2. 简述工业机器人的四种运行方式。
3. 简述工业机器人零点标定的原理。
4. 简述工业机器人首次零点标定的操作步骤。
5. 简述工业机器人本体与控制柜保养的主要内容。

模拟试卷样例

一、单项选择题（将正确答案的序号填入括号内；每题1分，共80分）

1. 在市场经济条件下，职业道德具有（　　）的社会功能。
   A. 鼓励人们自由选择职业　　B. 遏制牟利最大化
   C. 促进人们的行为规范化　　D. 最大限度地克服人们受利益驱动
2. 在企业的经营活动中，下列选项中的（　　）不是职业道德功能的表现。
   A. 激励作用　　B. 决策能力　　C. 规范行为　　D. 遵纪守法
3. 为了促进企业的规范化发展，需要发挥企业文化的（　　）功能。
   A. 娱乐　　B. 主导　　C. 决策　　D. 自律
4. 下列选项中属于职业道德作用的是（　　）。
   A. 增强企业的凝聚力　　B. 增强企业的离心力
   C. 决定企业的经济效益　　D. 增强企业员工的独立性
5. （　　）能充分表达电气设备和电器元件的用途、作用和工作原理（但不考虑其实际位置），是电气线路安装、调试和维修的理论依据。
   A. 展开接线图　　B. 电气原理图　　C. 框图　　D. 平面布置图
6. 热继电器的作用是（　　）。
   A. 短路保护　　B. 过载保护　　C. 失电压保护　　D. 零电压保护
7. 液压传动是依靠（　　）来传递运动的。
   A. 油液内部的压力　　B. 密封容积的变化　　C. 油液的流动　　D. 活塞的运动
8. 互换性的零件应是（　　）。
   A. 相同规格的零件　　B. 不同规格的零件
   C. 相互配合的零件　　D. 不配合的零件
9. 工艺系统几何误差不包括（　　）。
   A. 机床误差　　B. 夹具误差　　C. 刀具误差　　D. 测量误差
10. 在低压的液压系统中，适合选用（　　）泵。
    A. 叶片　　B. 齿轮　　C. 柱塞　　D. 螺杆
11. （　　）是用于防止电网电压波动或负载变化对输出电压的影响。
    A. 稳压电路　　B. 整流电路　　C. 滤波电路　　D. 变压电路
12. 导线截面的选择通常是由（　　）、机械强度、电流密度、电压损失和安全载流量等因素决定的。
    A. 磁通密度　　B. 绝缘强度　　C. 发热条件　　D. 电压高低
13. 电烙铁按功能可分为（　　）。
    A. 单用式、两用式、调温式　　B. 单用式、感应式
    C. 多用式、恒温式　　D. 多用式、感应式
14. 进口电气设备标牌上的英文词汇"senser"的中文意思是（　　）。
    A. 传感器　　B. 报警器　　C. 继电器　　D. 备用

15. 接近传感器的主要缺点是（　　）。
   A. 结构简单　　　　　　　　　　B. 工作不可靠
   C. 可非接触测量　　　　　　　　D. 仅对人体和金属起作用
16. 旋转变压器属于（　　）传感器。
   A. 涡流式　　　B. 电感式　　　C. 电位器式　　　D. 电容式
17. 变频器与电动机之间一般（　　）接入接触器。
   A. 允许　　　　B. 不允许　　　C. 需要　　　　D. 不需要
18. 手持电动工具使用时的安全电压为（　　）。
   A. 9V　　　　　B. 12V　　　　C. 24V　　　　D. 36V
19. 保护接零就是将 TN 系统中电气设备平时不带电的外露可导电部分与电源的中性线 N 连接起来。凡采用这种保护方式的系统在 IEC 标准中称为（　　）系统。
   A. TN-C　　　　B. TN-S　　　　C. TN-C-S　　　D. TN-S-C
20. 工业机器人是用于从事工业生产，能够自动执行工作指令的（　　）。
   A. 电子装置　　B. 电气装置　　C. 机械装置　　D. 控制装置
21. 第三代工业机器人称为（　　）。
   A. 示教再现机器人　B. 智能机器人　C. 感知机器人　D. 仿生机器人
22. 目前我国 380V/220V 的低压系统采用（　　）接地方式。
   A. 中性点不
   B. 中性点直接
   C. 中性点间接
   D. 中性点经消弧线圈
23. 与环境污染相近的概念是（　　）。
   A. 生态破坏　　B. 电磁辐射污染　C. 电磁噪声污染　D. 公害
24. 国家鼓励和支持利用可再生能源和（　　）发电。
   A. 磁场能　　　B. 机械能　　　C. 清洁能源　　D. 化学能
25. 机器人本体基本结构由五部分组成：传动部件、机身及行走机构、臂部、（　　）和手部。
   A. 传动机构　　B. 导轨　　　　C. 腕部　　　　D. 底座
26. 工业机器人由机械部分、（　　）、手持编程器、连接电缆、软件及附件等组成。
   A. 底座　　　　B. 手部　　　　C. 电气系统　　D. 机器人控制系统
27. 机器人的机械结构主要由电动机、（　　）、连杆、轴承、转轴和导轨等典型机械零件组成。
   A. 同步带　　　B. 变位机　　　C. 减速器　　　D. 固定基座
28. 作为减速器使用，通常采用波发生器主动、（　　）、柔轮输出的形式。
   A. 刚轮固定　　B. 螺栓连接　　C. 铰链连接　　D. 铆接
29. 装配图是进行设计、装配、检验、（　　）、调试和维修时所必需的技术文件。
   A. 安装　　　　B. 维护　　　　C. 保养　　　　D. 装调
30. 工业机器人末端执行器的种类很多，根据不同的作业及操作要求，可分为（　　）末端执行器、测量末端执行器和搬运末端执行器。
   A. 加工　　　　B. 装配　　　　C. 校验　　　　D. 移动

31. 常见含快换装置的末端执行器包含以下部分：（   ）、快换装置机器人侧、快换装置工具侧、末端执行器侧法兰盘、末端执行器。
    A. 机器人侧法兰盘   B. 联轴器
    C. 传感器   D. 夹具
32. 游标卡尺可以测量槽的宽度和管的内径，利用外测量爪可以测量零件的厚度和管的外径。深度尺与游标尺连在一起，可以测量槽和筒的（   ）。
    A. 深度   B. 高度   C. 直径   D. 半径
33. 扭矩扳手的精度分为（   ）个等级，等级越高精度越低。
    A. 5   B. 3   C. 7   D. 9
34. 按照磨损的机理，磨损可分为（   ）种主要类型。
    A. 2   B. 4   C. 7   D. 5
35. 气动控制系统中，许多辅助元件往往是不可缺少的，如（   ）、转换器、管道和接头等。
    A. 汇流板   B. 真空发生器   C. 气源   D. 消声器
36. 工业机器人工作站主要由工业机器人本体、控制系统、（   ），以及其他外围设备构成。
    A. 气站   B. 防护装置   C. 辅助设备   D. 机器人夹具
37. 现场传感安全防护装置包括（   ）或光屏、安全垫系统、区域扫描安全系统、单路或多路光束等。
    A. 光电传感器 B. 光纤传感器   C. 对射传感器 D. 安全光幕
38. 为防止发生危险，操作人员在操作工业机器人时必须穿戴好（   ）、安全鞋、安全帽等安全防护设备。
    A. 工作服   B. 防静电服   C. 绝缘手套   D. 护目镜
39. 单向型控制阀包括（   ）、或门型梭阀、与门型梭阀和快速排气阀。
    A. 单向阀   B. 双向阀   C. 节流阀   D. 减压阀
40. 加工末端执行器是带有焊枪、喷枪、砂轮、铣刀等（   ）工具的工业机器人附加装置。
    A. 涂胶   B. 焊接   C. 加工   D. 喷涂
41. 机器人与机器人控制系统通过（   ）连接。
    A. 电缆   B. 电线   C. 网线   D. 导线
42. RRR 型腕是（   ）自由度手腕。
    A. 1   B. 2   C. 3   D. 4
43. 下列选项中，不属于机器人电气系统维护的范畴的是（   ）。
    A. 主电源滤波器更换   B. 内外部风扇更换
    C. 伺服电动机型号和品牌更换   D. 与安全有关的 PLC 信号检查
44. 机器人末端执行器电气系统检查不包括（   ）。
    A. 检测末端执行器电气回路的运行状态
    B. 检测末端执行器上传感器的有效性

C. 使用示教器查阅末端执行器的报警日志

D. 检测末端执行器是否安装到位

45. 工业机器人常见配套的周边设备电气系统由开关电源、伺服电动机、变频器、触摸屏、（   ）、传感器等组成。

A. 机器人本体　　B. 示教器　　C. 机器人控制柜　　D. PLC

46. 工业机器人控制部分电缆维护检查的周期为（   ）。

A. 每天　　B. 每周　　C. 每月　　D. 每三个月

47. 对工业机器人控制器内部进行电气排故时，务必（   ）。

A. 停止机器人运行　　B. 切断气源

C. 机器人保持断电状态　　D. 佩戴绝缘手套

48. 工业机器人的主要电气部分不包括（   ）部分。

A. 末端操作器　　B. 继电器　　C. 接触器　　D. 熔断器

49. 工业机器人电气电力系统操作中，特别要注意（   ）问题。

A. 提高工作效率　　B. 安全事故防范　　C. 带电作业　　D. 节省材料

50. 机器人供电电压为（   ）V。

A. 110　　B. 220　　C. 380　　D. 440

51. 焊接机器人自动送丝机受（   ）控制。

A. 工业机器人　　B. 焊机　　C. PLC　　D. 微型计算机

52. 真空吸盘要求工件表面（   ）、干燥清洁，同时气密性好。

A. 粗糙　　B. 凹凸不平　　C. 平缓突起　　D. 平整光滑

53. 气管与机械部位扎带捆扎距离应在（   ）mm。

A. 50　　B. 60　　C. 70　　D. 150

54. 电路中并联电力电容器的作用是（   ）。

A. 降低功率因数　　B. 提高功率因数　　C. 维持电流　　D. 增加无功功率

55. 真空吸盘要求工件表面（   ）、干燥清洁，同时气密性好。

A. 粗糙　　B. 凸凹不平　　C. 平缓突起　　D. 平整光滑

56. 三相六极转子上有40齿的步进电动机，采用单三拍供电时，电动机的步矩角 θ 为（   ）。

A. 3°　　B. 6°　　C. 9°　　D. 12°

57. 在机器人动作范围内示教时，保持从（   ）观看机器人。

A. 侧面　　B. 正面　　C. 后面　　D. 以上都不对

58. 工业机器人工作站安全装置包括（   ）。

A. 安全栅栏　　B. 安全门　　C. 安全插销和槽　　D. 以上都是

59. 手爪的主要功能是抓取工件、握持工件和（   ）工件。

A. 固定　　B. 定位　　C. 释放　　D. 触摸

60. 用于机器人工作站气动执行系统供气的设备是（   ）。

A. 空气压缩机　　B. 气动卡盘　　C. 液压卡盘　　D. 气动手爪

61. 机器人除了使用硬限位来限制行程外，在软件上也使用了（   ）来限制机器人各个轴的行程。

　　A. 软限位　　　　B. 运动参数　　　　C. 伺服参数　　　　D. 系统参数

62. 机器人关节参数中"各轴最大允许速度"的单位是（　　）。

　　A. mm/s　　　　B. (°)/s　　　　C. mm/min　　　　D. (°)/min

63. 工业机器人电器柜上的启动按钮应采用（　　）按钮。

　　A. 常开　　　　B. 常闭　　　　C. 自锁　　　　D. 任意

64. 下面说法不正确的是（　　）。

　　A. 安全栅栏应该安置在机器人最大运动范围内

　　B. 机器人自动运行程序时，机器人没有移动表示其程序已经运行完成

　　C. 对于工作站内用到的水、压缩空气、保护气体等，系统必须配置有监控仪表以便及时发现供水、供气的不正常情况

　　D. 在机器人工作站运行中或者等待中，操作人员不可进入机器人工作站的范围

65. 进行以下（　　）作业时，务必确认机器人的动作范围内没人，并且操作者处于安全位置操作。

　　A. 机器人接通电源时　　　　　　B. 试运行时

　　C. 自动运行时　　　　　　　　　D. 以上都正确

66. 当机器人机械零点丢失或发生偏移时，需重新进行（　　）。

　　A. 机械复位　　　　　　　　　　B. 参数设置

　　C. 零点校准　　　　　　　　　　D. 以上说法都不正确

67. 气动系统中起到稳定气源的压力，使气源达到恒定状态，降低气源气压突然变化对阀门和执行器等硬件带来的损伤的部件是（　　）。

　　A. 空气过滤器　　B. 油雾发生器　　C. 空气压缩机　　D. 减压阀

68. 工业机器人的性能很大程度上取决于（　　）的性能。

　　A. 计算机运算　　B. 伺服系统　　C. 位置检测系统　　D. 机械结构

69. 气动系统中起到清洁受污染的气源，滤除压缩空气中的水分和杂质，防止水分和杂质随气体进入执行器的部件是（　　）。

　　A. 空压机　　　　B. 油雾发生器　　C. 空气过滤器　　D. 电磁换向阀

70. 示教点是指笛卡儿空间坐标系中的某个位置点。KUKA机器人系统用（　　）表示一个示教点。

　　A. X, Y, Z, W, P, R　　　　　　B. X, Y, Z, A, B, C

　　C. X, Y, Z, U, V, W　　　　　　D. 以上都不正确

71. 按下机器人控制柜门上的急停按钮或示教器上的急停按钮能达到的效果是（　　）。

　　A. 关闭伺服驱动单元的电源　　　B. 机器人立即停止动作

　　C. 系统出现权限错误报警　　　　D. 关闭系统电源

72. 机器人的定义中，突出强调的是（　　）。

　　A. 具有人的形象　　B. 模仿人的功能　　C. 像人一样思维　　D. 感知能力很强

73. 专供气动打磨机使用，接通后，可有效润滑气动马达，延长其使用寿命的设备是（　　）。

A．空气压缩机 B．油雾发生器 C．空气过滤器 D．电磁换向阀

74．机器人的运动速度其实是指（　　）的运动速度。

A．六轴法兰的中心点 B．工具中心点

C．机器人各轴 D．机器人电动机

75．KUKA 机器人的运行方式分为手动慢速运行、手动快速运行、自动运行和（　　）四种模式。

A．上电自动运行 B．外部自动运行 C．内部自动运行 D．自检

76．机器人执行程序时，若需停止该程序的执行，则要按下的按钮为（　　）。

A．退步按键 B．启动按键 C．步进按键 D．停止按键

77．（　　）是机器人和基坐标系的基准。

A．机座 B．TCP C．零点 D．世界坐标系

78．机器人控制系统第二次显示保养提醒信息时，（　　）。

A．可以确认消除

B．只有当对相应的保养进行了记录后才能消除

C．重启系统消除

D．忽略不管

79．如果机器人各个轴未经（　　），则会严重限制机器人的功能。

A．坐标系标定 B．零点标定 C．TCP 标定 D．标定

80．零点标定可以通过确定轴的（　　）的方式进行。

A．机械零点 B．电气零点 C．软限位 D．机械限位

二、判断题（正确的画"√"，错误的画"×"；每题 1 分，共 20 分）

81．（　　）职业活动中，每位员工都必须严格执行安全操作规程。

82．（　　）安装螺旋式熔断器时，电源线必须接到瓷底座的下接线端。

83．（　　）在 PLC 梯形图的每个逻辑行上，并联触点多的电路块应安排在最右边。

84．（　　）工业机器人主要由机械部分、传感部分和控制部分组成。

85．（　　）岗位的质量要求是每个领导干部都必须做到的最基本的岗位工作职责。

86．（　　）劳动安全卫生管理制度对未成年工给予了特殊的劳动保护，这其中的未成年工是指年满 16 周岁未满 18 周岁的人。

87．（　　）机器人腕部有一个连接法兰用于加装工具。

88．（　　）机器人上使用的伺服电动机通常没有制动器。

89．（　　）工业机器人的末端执行器指的是任何一个连接在机器人边缘（关节）具有一定功能的工具。

90．（　　）扭矩扳手若长期不用，应将其标尺刻度线调节至扭矩最大数值处。

91．（　　）电器元件布置图简称布置图，是根据电器元件在控制板上的实际安装位置，采用简化的外形符号绘制的一种简图。

92．（　　）常见的磁力吸盘分为永磁吸盘、电磁吸盘和电永磁吸盘等。

93．（　　）末端执行器按其功能可分成两大类，即手爪类和工具类。

94．（　　）KUKA 机器人操作系统管理员登录权限密码是"Kuka"。

95. （　　）KUKA 机器人伺服电动机由 KR C4 控制系统控制，控制六个机器人轴以及最多三个附加的外部轴。

96. （　　）工业机器人的手一般称为末端执行器。

97. （　　）示教盒属于机器人—环境交互系统。

98. （　　）直角坐标机器人的工作范围为圆柱形状。

99. （　　）急停按钮处于状态 FALSE（未被按下）时，机器人才能被操作。

100. （　　）先将不带测量导线的 EMD 拧到测量筒上，然后才可将测量导线接到 EMD 上，否则会损坏测量导线。

模拟试卷样例答案

一、单项选择题

1. C	2. B	3. D	4. A	5. B	6. B	7. B	8. A
9. D	10. B	11. A	12. C	13. A	14. A	15. D	16. B
17. B	18. D	19. A	20. C	21. B	22. C	23. A	24. C
25. C	26. D	27. C	28. A	29. A	30. A	31. A	32. A
33. C	34. B	35. D	36. C	37. D	38. A	39. A	40. C
41. A	42. C	43. C	44. D	45. D	46. D	47. D	48. A
49. B	50. C	51. D	52. D	53. D	54. C	55. D	56. A
57. B	58. D	59. C	60. A	61. A	62. B	63. A	64. B
65. D	66. C	67. D	68. B	69. C	70. D	71. B	72. B
73. B	74. B	75. B	76. D	77. D	78. B	79. B	80. A

二、判断题

81. √	82. √	83. ×	84. √	85. ×	86. √	87. √	88. ×
89. √	90. ×	91. √	92. √	93. √	94. ×	95. ×	96. √
97. ×	98. ×	99. √	100. √				

参 考 文 献

[1] 王建. 维修电工：中级 [M]. 北京：中国电力出版社，2013.
[2] 雷云涛，王建. 全国电工技能大赛试题集锦 [M]. 北京：中国电力出版社，2014.
[3] 王建，刘艳菊，杜新珂. 电工：初级、中级 [M]. 北京：机械工业出版社，2022.
[4] 陈琪，沈涛，覃智广. 工业机器人机械装调与维护 [M]. 北京：中国轻工业出版社，2021.
[5] 韩鸿鸾，刘衍文，刘曙光. KUKA（库卡）工业机器人装调与维修 [M]. 北京：化学工业出版社，2020.
[6] 北京新奥时代科技有限公司. 工业机器人操作与运维实训：中级 [M]. 北京：电子工业出版社，2019.
[7] 韩鸿鸾，王海军，王鸿亮. KUKA（库卡）工业机器人编程与操作 [M]. 北京：化学工业出版社，2020.
[8] 姚屏. 工业机器人技术基础 [M]. 北京：机械工业出版社，2020.
[9] 丁少华，李雄军，周天强. 机器视觉技术与应用实战 [M]. 北京：人民邮电出版社，2022.